해리엇이 들려주는 일차부등식 이야기

수학자가 들려주는 수학 이야기 48

해리엇이 들려주는 일차부등식 이야기

ⓒ 나소연, 2008

초판 1쇄 발행일 | 2008년 12월 12일
초판 22쇄 발행일 | 2022년 1월 12일

지은이 | 나소연
펴낸이 | 정은영

펴낸곳 | (주)자음과모음
출판등록 | 2001년 11월 28일 제2001-000259호
주소 | 10881 경기도 파주시 회동길 325-20 9
전화 | 편집부 (02)324-2347, 경영지원부 (02)325-6047
팩스 | 편집부 (02)324-2348, 경영지원부 (02)2648-1311
e-mail | jamoteen@jamobook.com

ISBN 978-89-544-1591-0 (04410)

해리엇이 들려주는

일차부등식 이야기

| 나 소 연 지음 |

줌|자음과모음

수학자라는 거인의 어깨 위에서
보다 멀리, 보다 넓게 바라보는 수학의 세계!

수학 교과서는 대개 '결과'로서의 수학을 연역적으로 제시하는 경향이 강하기 때문에 학생들은 수학이 끊임없이 진화해 왔다는 생각을 하기 어렵습니다. 그렇지만 수학의 역사는 하나의 문제가 등장하고 그에 대해 많은 수학자들이 고심하고 이를 해결하는 가운데 새로운 아이디어가 출현해 온 역동적인 과정입니다.

〈수학자가 들려주는 수학 이야기〉는 수학 주제들의 발생 과정을 수학자들의 목소리를 통해 친근하게 이야기 형식으로 들려주기 때문에 학생들이 수학을 '과거 완료형'이 아닌 '현재 진행형'으로 인식하는 데 도움이 될 것입니다.

학생들이 수학을 어려워하는 요인 중의 하나는 '추상성'이 강한 수학적 사고의 특성과 '구체성'을 선호하는 학생의 사고의 특성 사이의 괴리입니다. 이런 괴리를 줄이기 위해서 수학의 추상성을 희석시키고 수학 개념과 원리의 설명에 구체성을 부여하는 것이 필요한데, 〈수학자가 들려주는 수학 이야기〉는 수학 교과서의 내용을 생동감 있게 재구성함으로써 추상적인 수학을 구체성을 갖는 수학으로 변모시키고 있습니다. 또한 중간중간에 곁들여진 수학자들의 에피소드는 자칫 무료해지기 쉬운 수학 공부에 있어 윤활유 역할을 할 수 있을 것입니다.

〈수학자가 들려주는 수학 이야기〉의 구성을 보면 우선 수학자의 업적을 개략적으로 소개하고, 6~9개의 강의를 통해 수학 내적 세계와 외적 세계, 교실 안과 밖을 넘나들며 수학 개념과 원리들을 소개한 후 마지막으로 강의에서 다룬 내용들을 정리합니다. 이런 책의 흐름을 따라 읽다 보면 각 시리즈가 다루고 있는 주제에 대한 전체적이고 통합적인 이해가 가능하도록 구성되어 있습니다.

　〈수학자가 들려주는 수학 이야기〉는 학교 수학 교과 과정과 긴밀하게 맞물려 있으며, 전체 시리즈를 통해 학교 수학의 많은 내용들을 다룹니다. 예를 들어 《라이프니츠가 들려주는 기수법 이야기》는 수가 만들어진 배경, 원시적인 기수법에서 위치적 기수법으로의 발전 과정, 0의 출현, 라이프니츠의 이진법에 이르기까지를 다루고 있는데, 이는 중학교 1학년의 기수법의 내용을 충실히 반영합니다. 따라서 〈수학자가 들려주는 수학 이야기〉를 학교 수학 공부와 병행하면서 읽는다면 교과서 내용의 소화 흡수를 도울 수 있는 효소 역할을 할 수 있을 것입니다.

　뉴턴이 'On the shoulders of giants'라는 표현을 썼던 것처럼, 수학자라는 거인의 어깨 위에서는 보다 멀리, 넓게 바라볼 수 있습니다. 학생들이 〈수학자가 들려주는 수학 이야기〉를 읽으면서 각 수학자들의 어깨 위에서 보다 수월하게 수학의 세계를 내다보는 기회를 갖기 바랍니다.

홍익대학교 수학교육과 교수 I 《수학 콘서트》 저자 박 경 미

세상의 진리를 수학으로 꿰뚫어 보는 맛
크고 작음, 이익과 손해를 한눈에 비교할 수 있는 '일차부등식' 이야기

패밀리 레스토랑에 가서 할인 카드와 무료 쿠폰 중 어떤 것으로 혜택을 받을까? 동네 슈퍼마켓에서 10개짜리 라면 한 묶음을 살까, 아니면 낱개로만 8개를 살까? 이와 같은 고민은 누구나 해 보았을 법합니다.

오래 전부터 상업이 발달했던 그리스, 이집트 등 고대인들은 수의 크고 작음, 이익과 손해와 같은 문제들에 관해 매우 치밀하게 연구하고 해결해 나갔습니다. 우리가 이번 시간을 통해 배우게 될 부등호와 이를 식으로 표현한 부등식, 이차부등식, 절대부등식 역시 오래 전부터 여러 사람들이 고민하고 노력한 결과로 얻어진 것입니다.

우리 생활을 더 편하게 하고 얻고자 하는 답을 명료하게 얻을 수 있도록 하는 방법인 '부등식'은 어느 날 갑자기 뚝딱 하고 만들어진 것이 아닙니다. 그것은 여러 사람의 고민과 합의를 통해 얻어진 소중한 수학적 결과물입니다. 그들의 그러한 노력이 점점 발달하고 거기에 새로운 내용이 더해지면서 여러 가지 수학적 개념들이 만들어졌죠.

이 책은 현재 우리가 쓰고 있는 부등호 기호인 <, >를 만든 수학자 해리엇과 함께 부등호의 뜻과 성질에 대해 쉽고 재밌게 배울 수 있도록 씌어졌습니다. 그리고 그 내용들을 실생활에서의 직접 응용할 수 있는 방법들도 접할 수 있을 것입니다.

크고 작음의 비교, 손해와 이익을 잘 따져 보면서 부등식이 나에게 어떤 도움을 줄 수 있는지를 알 수 있는 시간이 되길 바랍니다.

2008년 10월 **나 소 연**

차례

1 이 책은 달라요

《해리엇이 들려주는 **일차부등식** 이야기》는 영국 최초의 대수학자 해리엇이 부등식의 뜻과 성질, 해를 구하는 방법에 대해 자세하고 쉽게 설명해 주는 책입니다. 우리 주변에서 볼 수 있는 상황을 예로 들어 부등호와 부등식의 뜻을 설명하고, 저울과 수직선에서 부등식의 성질을 찾아보면서, 크고 작음을 비교하는 부등식을 자연스럽게 학습하게 됩니다.

또한, 친숙한 놀이공원의 상황을 통해 실생활과 부등식이 자연스럽게 연결될 수 있음을 알 수 있습니다. 《해리엇이 들려주는 일차부등식 이야기》를 통해 쉽고 자연스럽게 부등식의 내용을 이해하고 해를 구하면서 수학의 힘을 기를 수 있게 됩니다.

2 이런 점이 좋아요

1 부등식에 대한 개념이 잘 형성되도록 연극 · 영화 포스터나 표지판

을 이용하여 쉽게 설명합니다. 그와 유사한 방법들을 공부하면서 학생들은 부등호와 부등식을 이해하는 데 좀 더 수월한 방식이 있음을 알 수 있습니다.

2 부등식의 성질을 공부하면서 문자를 사용하여 식을 나타내는 방법이나, 수직선의 개념 등 부등식과 관련된 수학 내용도 자연스럽게 같이 습득할 수 있습니다.

3 부등식의 해를 구하고, 이를 확장하여 일차방정식, 이차방정식, 이차부등식과 부등식의 영역 활용 문제의 식을 세우면서 해를 구하는 것이 연계될 수 있도록 하였습니다.

 교과 과정과의 연계

구분	단계	단원	연계되는 수학적 개념과 내용
초등학교	2-가	식 만들기와 문제 만들기	· □로 표현된 미지수 구하기 · 식 만들기
중학교	7-가	식의 계산	· 문자를 사용한 식 · 식의 값
		일차방정식	· 방정식과 등식의 해 · 일차방정식의 풀이

구분	단계	단원	연계되는 수학적 개념과 내용
중학교	8-가	일차부등식 연립일차부등식	· 일차부등식과 그 해 · 연립일차부등식의 풀이 · 일차부등식과 연립일차부등식의 활용
	9-가	식의 계산	· 다항식의 곱셈 · 인수분해
		이차방정식	· 이차방정식과 그 해 · 이차방정식의 근의 공식
고등학교	10-가	부등식	· 부등식의 성질 · 이차부등식 · 연립이차부등식
		절대부등식	· 슈바르츠Schwarz 부등식 · 산술평균, 기하평균
	10-나	부등식의 영역	· 좌표평면에서 부등식을 만족하는 점 전체의 집합

4 수업 소개

첫 번째 수업_부등식이란 무엇일까요?

- 선수 학습 : ☐ 구하기, ☐를 사용하여 식 세우기, 등호, 양수와 음수, 수직선, 문자를 사용하여 식 나타내기, 집합, 대입

- 공부 방법 : 영화 포스터의 관람 등급이나 놀이 기구에 탑승할 수 있는 키의 제한 등과 같이 우리 주변에는 숫자의 한계를 이용하여 수의 범위를 나타내는 경우가 있습니다. 일상생활에서 수의 범위를 나타내는 이상, 이하, 초과, 미만을 부등호로 나타내고 부등호를 이용한 식에서 참이 되게 하는 값이 무엇인지 알아봅니다.

- 관련 교과 단원 및 내용

  - 2-가 □를 이용하여 식을 세우고, 구하는 것을 익힙니다.

  - 7-가 집합 단원에서 주어진 조건에 의하여 그 대상을 분명하게 말할 수 있는 집합의 뜻을 알 수 있고 집합을 나타내는 방법인 원소나열법을 알 수 있습니다. 그리고 정수와 유리수에서 양수와 음수의 뜻을 알고 수직선이 무엇인지 알 수 있습니다. 또한, 문자와 식 단원에서 문자를 사용하여 식을 나타내고 문자에 수를 어떻게 대입하는 것인지 알 수 있습니다.

  - 10-가 부등식 단원에서 절대부등식의 뜻을 배우는 데 도움을 줍니다.

두 번째 수업 _더하거나 빼도 변하지 않는 부등호의 방향

- 선수 학습 : 저울, 수직선
- 공부 방법 : 수의 크기를 비교할 때는 부등호를 사용하여 큰 쪽으로 벌어지게 쓰면 됩니다. 이런 부등식은 양팔 저울과 수직선과 똑같은 성질을 가지고 있습니다. 양팔 저울의 양팔에 똑같은 무게를 더하거나 빼도 기울어진 방향이 변하지 않고, 수직선의 두 수에 똑같은 수를 더하거나 빼도 큰 쪽은 변함이 없습니다. 양팔 저울과 수직선의 성질을 이해하면서 부등식이 가지고 있는 덧셈과 뺄셈의 성질을 알도록 합니다.

- 관련 교과 단원 및 내용

  - 초등학교 4학년 과학 양팔 저울 만들기와 관련이 있습니다.

  - 중학교 1학년 수학 정수와 유리수에서 수직선의 뜻과 수직선 위
    의 점이 수를 나타낸다는 것을 알 수 있게 됩니다.

세 번째 수업 _곱하거나 나누면 부등호의 방향이 어떻게 될까요?

- 선수 학습 : 정수의 연산

- 공부 방법 : 부등식의 양변에 양수를 곱하거나 나눌 때의 경우, 음
  수를 곱하거나 나눌 때의 경우를 모두 생각해 봅니다. 부등식의 양
  변에 양수를 곱하거나 나눌 때 부등호의 방향이 어떻게 되는지는
  부등식과 같은 성질을 가지고 있는 양팔 저울과 수직선에서 확인해
  봅니다. 같은 두 부호의 곱은 양수, 다른 두 부호의 곱은 음수라는
  공식을, 수직선에서 음수를 곱하거나 나누는 경우를 통해 이해하도
  록 합니다.

- 관련 교과 단원 및 내용

  - 고등학교 2학년 분수부등식에서 분모의 식을 양변에 곱할 때 분
    모의 수의 제곱을 양변에 곱하는 것과 관계가 있습니다.

네 번째 수업 _이항을 이용한 일차부등식의 풀이

- 선수 학습 : 일차방정식, 이항, 거듭제곱, 항, 다항식, 단항식, 상수

항, 동류항, 계수, 차수

- 공부 방법 : '어떤 수보다 2 작은 수는 5이다'와 같이 말로 나타낸 식을 '$x-2=5$'와 같이 기호를 사용하여 식을 나타낼 때는 규칙이 있습니다. 이러한 규칙을 알고 문자로 나타내어진 식에서의 항, 차수와 같은 수학 용어를 익히면 일차부등식의 뜻도 알 수 있습니다. 일차방정식에서 일차항을 좌변으로, 상수항을 우변으로 이항한다는 것을 기억하고 항을 이항한 후 부등식의 성질을 이용하는 일차부등식의 풀이 순서를 기억하면 해를 구할 수 있습니다.

- 관련 교과 단원 및 내용
  - 3-가 소수와 분수의 개념을 이용하여 부등식의 해를 구하는 데 이용할 수 있습니다.
  - 10-가 이차부등식에서 해를 구하는 것과 관련이 있습니다.
  - 10-나 부등식의 영역에서 크기를 비교하는 것과 관련이 있습니다.

다섯 번째 수업_수직선을 이용한 연립일차부등식의 풀이

- 선수 학습 : 일차방정식, 연립일차방정식
- 공부 방법 : 일차부등식의 해를 구할 수 있어야 연립일차방정식을 풀 수 있습니다. 쌍으로 주어진 부등식 각각의 해를 구해서 수직선에 나타낸 후 공통인 부분을 구하는 순서대로 풀면 해를 쉽게 구할 수 있습니다. 특히, 사슬처럼 연결된 부등식 A<B<C는 A<B와

$B<C$를 함께 나타낸 것으로 $\begin{cases} A<B \\ B<C \end{cases}$ 와 같이 나타내고 해를 구하도록 합니다. 이렇게 사슬처럼 연결된 부등식에서 부등호는 항상 같은 쪽으로 벌어져 있어야 한다는 것을 기억합니다.

- 관련 교과 단원 및 내용

  - 7-가 일차방정식과 연립방정식의 뜻과 해를 구할 수 있는 방법과 관계가 있습니다.

  - 10-가 연립이차부등식의 뜻과 수직선을 이용하여 해를 구하는 것은 연립일차부등식의 해를 구하는 것과 비슷합니다.

여섯 번째 수업_우리 주변에서 볼 수 있는 부등식의 풀이

- 선수 학습 : 퍼센트%, 속력

- 공부 방법 : 우리 주변에서의 부등식이 어떻게 사용되는지를 일상생활을 통해 알아봅니다. 놀이공원에 놀러 가면서 자연스럽게 상황을 이해하고 식으로 나타낼 수 있으며 속력과 둘레의 길이를 구하는 공식도 함께 기억할 수 있습니다.

- 관련 교과 단원 및 내용

  - 8-가 실생활에서 볼 수 있는 상황을 방정식으로 나타내어 해를 구하는 것과 같이 실생활의 내용을 부등식으로 나타내어 해를 구할 수 있습니다.

  - 9-가 이차부등식의 활용과 관계가 있습니다.

해리엇을 소개합니다

Thomas Harriot (1560~1621)

갈릴레이와 거의 비슷한 시기에 망원경을 이용해

목성의 위성과 태양의 흑점을 발견한 해리엇은

수학자로서도 훌륭한 업적을 남겼습니다.

특히, 그가 기여한 분야는 방정식입니다. 최초로 인수분해를

이용하였으며, 근根과 계수와의 관계를 정식화하고

처음으로 부등호를 도입하여 방정식의 해법을 포함하는

대수학代數學의 근대적 정식화에 공헌하였습니다.

 여러분, 나는 해리엇입니다

안녕하세요? 나는 영국 최초의 대수학자이자 천문학자인 해리엇입니다. 나는 옥스퍼드대학교를 졸업한 후 영국의 항해 전문가인 월터 롤리 경의 수학 가정교사가 되었어요. 롤리 경과의 인연으로 북미 땅으로 항해를 간 적도 있답니다. 1590년대 말 항해를 위해 짐을 싣던 중 롤리 경이 배에 쌓여 있던 포탄 무더기를 보고는 나에게 이런 말을 했습니다.

"존경하는 나의 수학 선생님! 저기 쌓여 있는 것처럼 포탄 무더기의 모양만 보고 포탄의 개수를 알 수 있는 공식을 만들 수 있을까요?"

그래서 나는 특별한 모양의 수레에 쌓여 있는 포탄의 개수를 알 수 있는 간단한 표를 만들고 특정 형태로 쌓인 포탄의 개수를 계산하는 공식을 고안했습니다.

배에 최대한으로 포탄을 실을 수 있는 방법을 찾기 위해 수학자인 케플러에게 '정해진 공간 안에 포탄과 같은 구球 형태의 물건을 가장 밀도 있게 쌓을 수 있는 방법이 무엇인가?' 라고 편지를 보냈더니, 우리가 백화점이나 마트에서 과일을 쌓아 놓은 것처럼 쌓는 '육방 밀집 쌓기 방법'을 공식화 한 '케플러의 추측' 이라는 답을 보내 왔습니다. 그래서 내가 고안한 공식과 케플러의 추측을 이용하여 배에 최대한으로 많은 포탄을 실을 수 있는 방법을 찾을 수 있었습니다.

롤리 경과 항해를 하던 중 나는 북미 로노크 섬 식민지의 환경을 조사하면서 현재 우리가 즐겨 먹는 감자를 채집해 오기도 했어요. 비옥한 곳뿐만 아니라 환경이 척박한 땅에서도 잘 자라는 감자였기 때문에 유럽 전역에 재배 열풍이 불면서 유럽의 인기 식품 중 하나가 되었습니다. 그리고 인디언에게 배운 담배 건조 기술을 유럽에 전파하기도 했지요!

해리엇이 들려주는 일차부등식 이야기

나는 롤리 경과 함께 항해를 하면서도 수학과 천문학을 게을리 하지 않았습니다. 망원경을 이용하여 목성의 위성을 관측하고, 태양 표면에서 주변보다 온도가 낮아 검게 보이는 흑점을 발견하였습니다. 그리고 나의 수학적 능력을 이용하여 물질의 밀도와 굴절률의 관계에 대한 고찰도 하였답니다.

내가 영국 최초의 대수학자라고 불리게 된 이유는 내가 죽은 후에 발간된 저서《해석학의 실제》1631에서 부등호를 사용하면서부터입니다. 내가 살았던 16~17세기는 르네상스 시대로서 인간의 해부학적 구조를 탐구한 레오나르도 다빈치와 인체의 신비함을 조각으로 표현해 낸 미켈란젤로, 중세를 풍자한 데카메론의 보카치오, 고전 예술을 완성한 라파엘로, 영국 출신의 세계적 극작가 셰익스피어 등으로 대표되는 시대입니다. 당시 이와 같은 예술적 발달과 함께 수학적으로는 그리스의 수학과 인도 · 아라비아의 수학이 통합되어 유럽 수학의 전통이 굳어지고 숫자 계산이 표준화되었습니다. 음수와 소수의 사용과 3 · 4차 방정식의 풀이 등 근대 수학 발전의 토대가 된 시기이기도 했습니다.

내가 처음으로 사용한 **부등호**는 수학의 진보에 큰 역할을 했답니다. 부등호는 수학에서뿐만 아니라 상업에서도 유용하게 사용되었습니다. '두 수의 크고 작음'을 나타내는 기호인 부등호는 '2보다 3이 크다'를 '2 < 3'이라고 나타내죠. 여러분도 본 적이 있죠?

그리고 나는 부등호뿐만 아니라 방정식에 관한 연구도 많이 했답니다. 비에트《비에트가 들려주는 식의 계산 이야기》참고가 방정식의 근과 계수와의 관계, 근을 가지는 방정식 구하기 등을 발견하였다고 하지만 나는 그보다 더 완벽하고 체계적인 방법을 발표했습니다. 한 예로, 비에트의 지수 표기법을 개선하여 aa를 a^2로 aaa를 a^3으로 나타내어 조금 더 편리하게 나타내는 것을 생각하기도 했어요.

여러분 그럼, 이제 나와 쉽고 재밌는 부등호의 세계로 들어가 볼까요?

안녕하세요?

영국 최초의 대수학자이자 천문학자인 해리엇입니다.

나는 옥스퍼드대학교를 졸업한 후 영국의 항해 전문가인 월터 롤리 경의 수학 가정교사가 되었습니다.

선생님 저와 함께 아메리카로 항해를 가시죠?

좋습니다.

포탄 무더기의 모양만 보고 포탄의 개수를 알 수 있는 공식을 만들 수 있을까요?

물론입니다.

간단한 표를 만들고 특정 형태로 쌓여 있는 포탄의 개수를 계산하는 공식이 있죠.

그런데 배에 포탄을 최대한 많이 실을 수 있는 방법은 무얼까?

수학자 케플러에게 편지를 쓰자.

To 케플러
질서있게 차곡차곡 포탄과 같은 구형태의 물건을 가장 높이 쌓을 수 있는 방법이 무엇인가.

케플러에게서 답장이 왔군.

육방밀집 쌓기방법?

그래 내 방법과 케플러의 추측을 이용하면 배에 최대한 많은 포탄을 실을 수 있는 방법을 알 수 있어.

해리엇이 들려주는 일차부등식 이야기

부등식이란 무엇일까요?

부등식이 어떤 것인지 알아봅니다.

첫 번째 학습 목표

1. 부등호를 사용하여 식을 나타낼 수 있습니다.
2. 부등식의 뜻을 알 수 있습니다.
3. 부등식의 해의 의미를 알 수 있습니다.

미리 알면 좋아요

1. 등호 같음을 나타내는 기호 '='를 등호라고 합니다. '$x=2$라고 하면 x 의 값이 2와 같다'는 뜻입니다.

2. 미지수 x 모르는 수를 나타낼 때 문자 x를 사용합니다. 때에 따라 y, z, v 등 다른 알파벳을 사용하기도 하지만, 일반적인 글에서 알파벳 x가 가장 드물게 사용되므로 미지수는 주로 x로 나타냅니다.

3. 집합 4보다 작은 자연수라고 하면 누구나 1, 2, 3이라는 말을 합니다. 이렇게 뚜렷한 기준을 가진 것들의 모임을 집합이라고 합니다.

4. 대입 문자에 수를 넣는 것을 대입이라고 합니다. $x=2$일 때 $x+3$의 값은 x에 2를 넣어서 $2+3=5$가 됩니다.

해리엇의
첫 번째 수업

여러분! 나는 해리엇입니다. 나는 부등호를 만들어서 유명해진 수학자입니다. 부등호가 아직 무엇인지 모른다고요? 걱정하지 마세요. 이번 시간이 지나면 여러분은 '아하! 부등호가 이런 것이구나. 이렇게 쓰는 것이구나!' 하고 쉽게 이해할 수 있을 테니까요. 그리고 여러분은 부등호와 관련된 것을 이미 생활에서 본 적이 있으니까 아주 쉽다는 생각을 하게 될 거예요. 물론 '과연, 내가 본 적이 있었나?' 하는 생각이 들기도 하겠죠? 자, 그럼 다음

그림을 보세요.

이것은 영화와 연극의 포스터입니다.

〈해리포터와 불의 잔〉

장르 : 드라마, 액션, 어드벤처

감독 : 마이크 뉴엘

홈페이지 : http://harrypotter.kr.

warnerbros.com/gobletoffire

관람 등급 : 12세 이상 관람가

〈리어왕〉

장르 : 드라마

공연일 : 2008 / 09 / 04 ~ 2008 / 09 / 10

공연장 : 예술의전당 토월극장

관람 등급 : 7세 미만 관람불가

여기에 사용된 관람 등급이라는 것은 해당 연극과 영화를 우리가 볼 수 있는 내용인지, 부적절한 내용인지를 알려 주는 역할을

해리엇이 들려주는 일차부등식 이야기

합니다. 영화와 연극 포스터에 있는 '12세 이상 관람가' 와 '7세 미만 관람불가' 라는 말이 있죠? 이 말이 바로 그런 뜻이랍니다. 자, 그렇다면 올해 나이가 10살인 학생은 이 영화와 연극을 볼 수 있을까요? 없을까요?

네, 그렇죠. 영화는 볼 수 없지만 연극은 볼 수 있습니다.

이렇게 일상생활에서 수의 한계를 나타내기 위해 10세 이상이 나 7세 미만, 속력 100km/h 이하라는 표현을 쓰곤 합니다. 이 상, 미만과 같은 말을 수학 기호를 이용하여 나타낸 식을 부등식

이라고 하는데, 부등식에서 사용되는 수학 기호를 부등호라고 합니다. 그럼, 부등식이 무엇인지 자세하게 알아볼까요?

부등호에서 우리가 많이 듣던 수학 용어가 생각나죠? 우리가 모르는 것, □를 이용하여 '어떤 수에 5를 더하면 7이다'를 수식으로 '□+5=7'이라고 씁니다. 그리고 이 식에서 □의 값을 찾아 '□=2'라고 답을 씁니다. '□=2'는 □가 2와 같다는 거예요. 이렇게 같은 것을 나타내는 기호인 등호=가, 부등호라는 말을 들으면서 생각이 났을 거예요. 그럼 등호와 부등호가 무슨 차이가 있는지 한자로 알아봅시다.

한자는 한 자 한 자가 뜻을 가진 글자입니다. 그렇다면 '等號'는 어떤 뜻을 가지고 있을까요?

먼저, 等의 의미는 '같다'는 뜻입니다. 그리고 號는 '기호'라는 의미입니다. 즉, 한자로 등호의 의미를 알아보면 '같음을 나타내는 기호'라는 뜻입니다.

이제 우리가 이번 시간에 배울 내용인 부등호와의 관계에 대해서도 알아봅시다.

등호와 부등호라는 단어는 서로 비슷하게 생겼지만 딱 한 글자가 다릅니다. 여기서 두 말의 뜻 차이가 나타나지요. 부등호라는 말의 앞 글자 '부'자는 '아니다'라는 뜻을 가진 한자예요. 그렇다면 부등호는 '같음을 나타내는 기호가 아니다'라는 뜻이 되겠죠? 즉, 부등호는 '같지 않음을 나타내는 기호'라고 할 수 있습니다.

우리가 살다 보면 여러 상황에서 비교할 예가 많이 있어요. 소풍을 가기 위해 사탕을 사러 슈퍼에 갔어요. 10개들이 사탕은 500원이고, 20개들이 사탕은 800원이라면, 10개들이 사탕과 20개들이 사탕 1개의 가격은 서로 같지 않음을 알 수 있습니다. 이런 경우에 어떤 사탕을 사는 것인 더 이득인지는 각각의 사탕 하나의 가격을 비교하면 알 수 있겠죠.

또 한 예로, 어머니가 수박을 사러 갔어요. 10개의 수박이 있는데 모두 가격이 만 원이라고 합니다. 그러면 어느 것이 더 맛있게 익었는지, 어느 것이 더 큰지도 비교하게 됩니다. 당도가 높을수록 맛있으니까 당도가 높고 크기가 큰 수박을 사겠죠?

사탕을 사거나 수박을 사는 경우와 같이 우리 주변에서는 크고 작음을 비교하는 경우가 많습니다. 이렇게 대소 관계를 비교하기 위해서 일상생활에서 이상, 이하, 초과, 미만이라는 말을 사용합니다. 그리고 이것을 수학식으로 나타내기 위해 부등호를 사용한 부등식을 쓰게 되었답니다.

부등식을 배우면서 모르는 문자와 규칙들이 있다고 어렵게 생각하지 마세요. 수학은 우리의 생활을 아주 편리하게 해 주고 컴퓨터나 MP3와 같은 것을 만드는 데도 꼭 필요한 것이니까 말이

해리엇이 들려주는 일차부등식 이야기

에요.

수학은 아주 오랜 옛날 그리스와 인도, 아라비아 등에서 토지를 측량하고 물건을 사고파는 데에서 시작하여 오늘날과 같이 발전하게 되었답니다.

수학에서 다루는 숫자도 마찬가지입니다. 처음에는 어떤 사물을 한 개, 두 개, … 이렇게 개수를 파악하는 것에서부터 출발해서, 자연수 1, 2, 3, 4, …와 같은 '숫자'를 발명하게 되었답니다. 그 후에 아무 것도 없음을 나타내는 '0'이 발명되었고, 더 나아가 음수 − 도 발명되었습니다.

"어? 그런데요 선생님, 음수가 뭐예요?"

음수는 여러분들도 이미 알고 있는 개념이랍니다. 자, 어느 날 우리 친구 승하가 배가 고파서 먹을 것을 사기 위해 밖으로 나왔습니다. 승하가 가진 돈은 2000원인데 먹고 싶은 떡볶이의 가격은 1500원, 튀김의 가격은 1000원이었어요. 승하가 이 떡볶이와 튀김을 다 먹기 위해서는 2500원이 필요합니다. 그래서 결국 엄마에게서 돈 500원을 빌려 떡볶이와 튀김을 다 먹게 되었죠. 그리고 그날 밤 승하는 용돈기입장을 쓰며 자신의 빚 500원을 어떻게 해결할까 고민하게 됩니다. 이때, 승하에게 500원은 마이너스

500원과 마찬가지입니다. 음수 500원이죠. 내일 만약 운 좋게 길을 걷다가 500원짜리 동전 하나를 줍게 된다 하더라도, 그 돈은 고스란히 엄마에게 갖다 드려야 하죠. 왜냐면 승하는 자신에게 없던 돈을 쓴 것이니까요.

사람들은 자기가 만든 것이나 자신이 가진 것만으로는 생활을 할 수 없어요. 그래서 다른 사람의 물건과 자신의 것을 바꾸거나 다른 사람의 물건을 사고 자신의 것을 팔게 되어 있습니다. 그런 상업이 점차 발달하면서 다른 사람에게서 물건을 사왔을 때와 물건을 팔고 생긴 돈의 표시를 어떻게 하는 것이 좋을까 고민을 하게 됩니다. 이러한 고민을 해결하기 위해 숫자 앞에 기호 '―'를 붙여 ―500과 같이 나타내고 '마이너스 오백' 이라고 읽습니다.

우리가 알고 있는 자연수에 마이너스 부호가 붙으면 음수라고 읽습니다. 자연수에 '−' 부호를 붙인 수를 음의 정수라고 하고 이것을 줄여서 음수라고 하기 때문입니다. 자연수와 음수를 구분하기 위해 자연수 앞에 '+' 기호를 붙이기도 하지만 대부분은 그냥 생략한답니다. 예를 들어, 양수 500을 '+500'이라고 쓰고 '오백'이라고 읽거나, 500이라고 쓰는 것처럼 플러스 기호를 쓰지 않는 거예요. 이렇게 기호 +, −를 가지고 양수와 음수를 구분하기도 하고 아무것도 없다는 뜻의 숫자 0을 기준으로 수직선에 구분하여 나타내기도 합니다.

수직선이라는 것은 양 끝이 무한하게 나아가는 직선에 수를 나타낸 선의 이름입니다. 이 수직선에서는 0을 기준으로 '+' 기호를 가진 양수를 오른쪽에, '−' 기호를 가진 음수를 왼쪽에 씁니다. 음의 부호인 마이너스는 '줄어든다'라는 뜻이 있어서 왼쪽으로 가면 수가 작아지고 오른쪽을 가면 커지게 됩니다.

앞의 설명과 같이 수직선 위에 음수인 −2와 양수인 3을 나타내어 보면 다음과 같습니다.

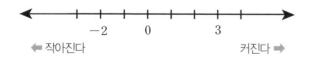

수직선에 숫자를 나타내어 보면 오른쪽에 있는 수가 항상 왼쪽에 있는 수보다 큽니다. 이것을 부등호를 나타내면 '−2<3'으로 나타낼 수 있죠. 부등호 '<'는 더 큰 수를 향해 양팔을 벌리고 있는 모습과 같습니다. −2와 3의 위치를 바꾸어서 부등호로 나타내면 '3>−2'로 나타낼 수 있어요. 여전히 부등호의 기호는 큰 수를 향해 벌어지고 있습니다. 이렇게 크고 작음을 비교하여 나타낼 수 있는 기호를 부등호라고 합니다.

그렇다면 등호와 부등호는 어떻게 만들어졌을까요?

우선, 두 개의 값이 같음을 나타내는 '='는 평행하게 놓여 있는 도로와 같은 평행선을 상징해요.

이 기호는 영국의 수학자인 레코드라는 사람이 만들었답니다. 레코드는 자신의 책《지혜의 숫돌》에서 평행선과 같이 등호를 나

타낸 이유를 "두 평행선만큼 같은 것이 없기 때문이다"라고 설명
했어요. 평행선 모양을 한 주위의 사물들을 보며 양쪽이 같다는
생각을 하고 이렇게 편리한 등호를 만들어 낸 수학자 레코드는
영국에 수학 학교를 세우고 수학의 한 분야인 대수학을 전파한
중요한 수학자 중의 한 사람입니다.

그리고, 크고 작음을 나타내는 부등호 <와 >는 바로 나, 해
리엇이 만들었습니다. 내가 만든 부등호를 응용하여 밑에 등호를
표시한 부등호인 ≤, ≥는 프랑스의 수학자 부게가 만들었지요.
우리가 간단하게 쓰는 수학 기호는 아주 오랜 시간 동안 많은 고
민 후에 만들어진 것이랍니다. 내가 부등호를 만들고 많은 사람
들이 이 기호를 사용하기 전에는 ⌐, ff, §, | 등의 기호를 사
용했어요.

부등호가 탄생하기 전에 사용했던 기호인 §는 미지수 x, y의
크기를 비교할 때 'x§y'로 나타냈습니다. 하지만 이 기호로 두
수 중에 어떤 것이 큰 수인지를 알기가 어려웠죠. 그래서 사람들
은 두 수의 크기를 비교할 때, 가장 사용하기 편한 기호가 무엇인
지 의논하게 되었어요. 결국 내가 만든 부등호를 사용하기로 결
정을 내렸답니다. 그래서 오늘날까지 '<, >, ≤, ≥'와 같은 부

등호들이 유용하게 쓰이고 있답니다.

크고 작음을 나타내는 수학 기호인 부등호는 포스터의 관람 등급에 나와 있는 이상, 미만과 아주 밀접한 관계가 있어요. 《해리포터와 불의 잔》이라는 영화의 관람 등급에 '12세 이상 관람가'라는 말이 적혀 있죠? 일상생활에서 많이 쓰이는 말인 '이상, 이하, 초과, 미만'은 수학에서 수의 한계를 뜻합니다. 12 '이상'은 12를 포함하여 12보다 큰 수들을 말합니다. 반대로 12 '이하'는 12를 포함하여 12보다 작은 수들을 의미합니다. 이상과 이하는

비교하는 수를 포함한 대소 관계를 나타내지요. 한편, 12 '초과'
라는 말은 12를 포함하지 않는 12보다 큰 수들을 말합니다. 그
수들은 13부터 시작해서 14, 15로 계속되겠죠.

마지막으로 12 '미만'은 12를 포함하지 않는 작은 수, 곧 11,
10의 순으로 작아지는 수들을 말합니다. 초과와 미만은 이상과
이하와는 달리 비교하는 수를 포함하지 않은 대소 관계를 나타냅
니다.

이와 같은 수의 대소 비교는 여러분의 부모님들이 운전하시는
도로 위에서도 발견할 수 있어요. 다음에 나오는 그림들은 모두
교통 표지판입니다.

　여러분들은 아마 길에서 이런 표지판들을 본 적이 있을 겁니다. 그런데 위의 표지판들은 각각 그 의미가 다릅니다. 먼저,  표지판에는 앞차와 뒷차 사이에 화살표↩가 있고 그 위에 50m 라는 숫자가 적혀 있습니다. 앞차와 뒷차 사이의 거리가 너무 가까우면 위험하므로 두 차간의 간격을 50m 이상으로 유지하라는 뜻입니다. 도로 위를 빨리 달리는 차들은 '안전거리'라는, 앞차의 급정거 시 사고를 예방할 수 있는 최소 거리가 필요하기 때문입니다. 차가 갑자기 멈췄을 때 부딪치지 않으려면 어느 정도 간격이 필요하겠죠?

　자, 그럼 우리는 이제 부등호를 이용하여 위의 표지판이 나타내는 내용을 표현해 봅시다. 여기서 50m 이상이라고 했으니까, x는 비교하는 수 50을 포함한 50보다 큰 수입니다. 그래서 같다는 뜻의 수학 기호인 등호=를 함께 사용한 부등호 '≤, ≥'를 이용하여 나타낼 수 있습니다. 부등호는 큰 수를 향해 벌어졌으니까, x쪽으로 벌어진 부등호 ≥를 사용하여 나타내면 $x \geq 50$이라

해리엇이 들려주는 일차부등식 이야기

고 할 수 있습니다.

그러면 다른 표지판의 의미도 부등호를 이용하여 나타내어 봅시다. 50은 차의 최대 속력을 시속 50km/h로 하라는 뜻입니다. 차의 속력을 x라고 한다면 50보다 느리거나 같은 속력으로 차를 운전해야 하므로 식으로 나타내면 $x \leq 50$으로 나타낼 수 있어요. 마지막 표지판인 30은 속력이 30km/h보다 커야 한다는 뜻입니다. 그런데, 표지판 50와 다른 점이 무엇인지 알아볼 수 있겠어요?

"숫자 밑에 줄이 있어요!"

네, 맞습니다. 숫자 밑에 줄이 그어져 있으면 도로에서 제일 느린 속력이 적어도 30km/h 이상이 되어야 한다는 거예요. 그래서 차의 시속을 x라고 하면 $x \geq 30$으로 나타낼 수 있습니다. 이제 부등호의 종류를 이용하여 크고 작음을 나타낼 수 있겠죠?

중요 포인트

부등호의 종류와 그 의미

• > : 크다, 초과
• ≥ : 크거나 같다, 이상
• < : 작다, 미만
• ≤ : 작거나 같다, 이하

짜잔! 이 그림은 무엇일까요?

"이번 베이징 올림픽에서 본 그림이에요!"

"오륜기가 그려져 있어요. 올림픽을 나타내는 것이에요!"

모두들 잘 알고 있네요. 이것은 이번 올림픽이 개최된 베이징의 엠블러로 중국의 문화와 전통을 나타내는 표시입니다. 4년 마다 전 세계 선수들이 모여 각종 구기 종목, 양궁, 수영 등의 경기를 펼치는 올림픽은 1896년 그리스 아테네에서 처음 시작했습니다. 이번 중국 베이징 올림픽은 29번째 올림픽이었다고 합니다.

베이징 올림픽에서 우리나라 선수들은 수영, 역도, 배드민턴, 야구 등의 종목에서 총 13개의 금메달을 획득했고, 일본은 9개의 금메달을 획득했어요. 그럼 우리나라와 일본의 금메달의 개수를 비교하여 부등식으로 나타내어 볼까요? 13개와 9개를 비교하여 부등호로 나타내면 '13 > 9' 입니다.

자, 그럼 이제 본격적으로 부등식에 대해서 알아보겠습니다.

'어떤 수에 2를 더한 것은 5보다 크거나 같다' 는 문장은 간단하게 부등호를 이용하여 나타내면 '$x+2 \geq 5$' 가 됩니다.

우리가 모르는 수를 x로 나타내어 $x+2=5$와 같이 수 또는 식이 서로 같다는 뜻을 나타내는 것을 등식이라고 해요. 이 식에서 등호 대신 부등호를 사용하여 $x+2 \geq 5$로 나타내면 부등호가 들어간 식이라고 해서 부등식이라고 합니다. 등호와 마찬가지로 부등식의 왼쪽 부분을 좌변, 오른쪽 부분을 우변이라고 하고 좌변과 우변을 통틀어 양변이라고 합니다.

$$\underset{\text{좌변}}{\underline{x+2}} \geq \underset{\text{우변}}{\underline{5}}$$
$$\underset{\text{양변}}{\underline{\hphantom{xxxxxxxx}}}$$

문장 '어떤 수 x에서 3을 뺀 값은 5보다 작거나 같다'를 부등식으로 나타내면 $x-3 \leq 5$가 됩니다. 이렇게 긴 문장도 부등호를 이용하여 식으로 나타내면 간단하게 나타낼 수 있고, 두 수 또는 식의 대소 관계도 눈에 보기 편하게 나타낼 수 있습니다.

$x-3 \leq 5$라는 식에서 우리는 어떤 수 x의 값이 무엇인지 모릅니다. 이렇게 알지 못하는 값을 보통 문자 x로 나타냅니다. 우선 미지수 x가 될 수 있는 값 몇 개를 임의로 괄호 '{ }' 안에 모아 봅시다.

$$\{4, 6, 8, 10\}$$

우리가 x가 될 수 있는 값을 모은다는 목적으로 중괄호, {} 안에 모아놓은 것을 집합이라고 합니다. 그런데 x가 될 수 있는 값이라고 하더라도 부등식 $x-3 \leq 5$가 참이 될 수도 있고 거짓이 될 수도 있어요. 참이 되는 값을 찾기 위해 x가 될 수 있는 값인 4, 6, 8, 10을 문자 x 대신에 넣어 볼까요? 이렇게 문자 대신에 숫자를 넣어 보는 것을 대입이라고 합니다. 4, 6, 8, 10을 부등식에 대입해 봅시다.

x가 4이면 좌변은 $4-3=1$

x가 6이면 좌변은 $6-3=3$

x가 8이면 좌변은 $8-3=5$

가 10이면 좌변은 $10-3=7$

x가 4, 6, 8이면 3을 뺐을 때 그 값이 5 이하가 되므로 부등식 $x-3 \leq 5$는 참이고, x가 10이면 3을 뺐을 때 '$10-3 \leq 5$', 즉 '$7 \leq 5$'는 7은 5보다 작거나 같다는 식이므로 거짓이 됩니다. x의 값 중에서 부등식이 참이 되게 하는 값은 4, 6, 8입니다. 이렇게 부등식이 참이 되게 하는 미지수 x의 값을 그 **부등식의 해**라

고 합니다. 그리고 부등식의 모든 해를 구하는 것을 '부등식을 푼다' 라고 합니다.

저기서 누나와 동생이 시소를 타고 있어요! 누나의 몸무게가 27kg이고 동생의 몸무게가 15kg이라고 한다면, 시소는 몸무게가 더 큰 누나 쪽으로 기울어질 것입니다.

마침 시소 옆에 무게가 5kg인 돌이 네 개나 있네요! 과연 몇 개를 더 올리면 동생 쪽으로 시소가 기울어질까요?

'동생의 몸무게+돌의 무게>누나의 몸무게' 가 되도록 하는 돌의 개수를 찾으면 됩니다.

돌의 개수를 x라고 하면 돌의 무게는 $5 \times x$이죠? 숫자와 문자 사이에 곱하기 기호 '×'를 생략하니까, $5x$라고 나타내면 '$15+5x>27$'이 참이 되게 하는 x의 값을 찾아 주면 돼요. 돌이 네 개가 있으니까 좌변에 돌의 개수를 넣어 봅시다.

돌의 수(x)	좌변	부등호	우변	$15+5x>27$
1	$15+5$	$<$	27	거짓
2	$15+10$	$<$	27	거짓
3	$15+15$	$>$	27	참
4	$15+20$	$>$	27	참

부등식 $15+5x>27$이 참이 되게 하는 돌의 개수가 3개와 4개죠? 동생이 앉은 곳에 3개나 4개의 돌을 놓으면 동생 쪽으로 시소는 기울어지게 됩니다.

부등호를 이용하여 부등식을 나타내면 보기도 편하고 간단하게 나타낼 수 있죠? 그리고 부등식이 참이 되게 하는 해를 구하는 것도 할 수 있습니다. 누나와 동생이 시소 놀이에서 돌이 100

개, 1000개 있다면 이 돌의 수를 다 넣어서 비교해 보아야 할까요? 돌의 수만큼 넣으면 계산을 너무 많이 해야 해서 힘이 들어요. 그래서 쉽게 해를 구하는 방법을 하나하나 배워가도록 할거랍니다. 다음 시간에는 x를 대입하지 않고 부등식의 성질을 이용해서 부등식의 해를 구해 보도록 합시다. 다음 시간에 만나요!

첫 번째
수업 정리

❶ 같지 않음을 나타내는 기호를 부등호라고 합니다. 부등호의 종류와 그 의미는 다음과 같습니다.

① > : 크다, 초과

② < : 작다, 미만

③ ≥ : 크거나 같다, 이상

④ ≤ : 작거나 같다, 이하

❷ 부등호를 사용하여 나타낸 식을 부등식이라고 합니다. 그리고 부등식 $x+2 \geq 5$에서 부등식의 왼쪽에 있는 $x+2$를 좌변, 오른쪽에 있는 5를 우변이라고 하고 좌변과 우변을 통틀어 양변이라고 합니다.

❸ 부등식이 참이 되게 하는 x의 값을 부등식의 해라고 하고 부등식의 모든 해를 구하는 것을 '부등식을 푼다' 라고 합니다.

더하거나 빼도
변하지 않는
부등호의 방향

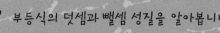

부등식의 덧셈과 뺄셈 성질을 알아봅니다.

두 번째 학습 목표

1. 부등식에서 덧셈의 성질을 알아봅니다.
2. 부등식에서 뺄셈의 성질을 알아봅니다.

미리 알면 좋아요

1. 저울은 선사시대부터 인류에 의해 사용되었는데, 이집트의 옛 무덤의 벽화에도 저울이 그려져 있습니다. 옛날, 처음 만들어진 저울인 천칭은 지렛대의 중앙과 양 끝에 옆으로 구멍을 뚫어 이 구멍에 끈을 끼워 묶어서, 중앙의 끈은 기둥과 같은 것에 고정시키고 양끝의 끈에는 각각 접시 같은 것을 매달아서 분동이나 물건을 올려놓고 무게를 비교했습니다. 그 후, 로마에서 지렛대에 눈금을 매겨 물체의 무게에 따라 추의 위치를 적당히 이동시켜서 균형을 이루는 위치의 눈금을 읽음으로써 무게를 측정하는 저울^{대저울}을 사용하였고 점차 발전하면서 오늘날 양팔 저울이나 접시를 위에 놓고 무게를 재는 윗접시 저울, 용수철을 이용하여 무게를 재는 전자 저울 등과 같이 여러 가지저울을 사용하게 되었습니다.

| 천칭 | 로마 저울 | 양팔 저울 | 윗접시 저울 | 전자 저울 |

2. 수직선은 '수＋직선'으로 수가 대응되어 있는 직선입니다. 수직선 위의 모든 점을 수로 나타낼 수 있기 때문에 수직선을 영어로 number line이라고 합니다. 수직선에서는 오른쪽으로 갈수록 수가 커지기 때문에 오른쪽에 있는 점이 나타내는 수가 왼쪽에 있는 점이 나타내는 수보다 큰 수입니다. 그래서 그림의 두 점 A와 B가 나타내는 수의 크기를 비교하면 A＜B가 됩니다.

Dank für die Auszeich
durch die Aufnahme unter ihre Corr
zu Theil werden lassen, glaube ich am
zu erkennen zu geben, dass ich von der
n Erlaubniss baldigst Gebrauch ma
lung einer Untersuchung über die Häu
zahlen; ein Gegenstand, welcher du
resse, welches Gauss und Dirichlet dem
Zeit geschenkt haben, einer solchen M
nicht ganz unwerth erscheint.
dieser Untersuchung diente mir als A
die von Euler gemachte Bemerkung, d

$$\prod \frac{1}{1-\frac{1}{p^s}} = \sum \frac{1}{n^s},$$

für p alle Primzahlen, für n alle g
gesetzt werden. Die Function der co
, welche durch diese beiden Ausdrü
convergiren, dargestellt wird, bezeich
Beide convergiren nur, so lange d
grösser als 1 ist; es lässt sich indess
r Ausdruck der Function

해리엇의
두 번째 수업

여러분, 지난 시간에 배웠던 부등호 '<, >, ≤, ≥'를 이용한
부등식은 잘 기억하고 있겠죠?

부등호가 참이 되게 하는 값을 '해'라고 하며, x가 될 수 있는
값을 부등식에 대입하여 참이 되게 하는 x의 값을 찾았어요. 그
러면 이 방법을 이용하여 미지수가 들어간 부등식 $2x-5<11$을
풀어서 해를 구할 수 있을까요?

"우리가 알고 있는 숫자를 모두 x에 넣어 봐요!"

물론 모든 숫자를 다 넣어 봐도 됩니다. 그런데 우리가 알고 있
는 숫자는 1, 2, 3, 4, …와 같은 자연수와 0, 그리고 −1, −2,
−3, …과 같은 음수를 포함해 무수히 많은 수들이 있는데 하나
하나 다 넣어 보기는 너무 힘들지 않을까요? 이 많은 수를 하나

해리엇이 들려주는 일차부등식 이야기

하나 넣어 보는 것은 하루 종일 해도 끝이 나지 않는 고된 일이 될 거예요. 하지만 부등식이 가진 성질을 알게 된다면 여러분들은 아주 쉽고 빠르게 부등식의 해를 구할 수 있게 될 것입니다. 이번 시간과 다음 시간에는 부등식이 가진 성질이 무엇인지 알아보고 부등식을 쉽게 풀어 보도록 합시다.

자, 이것을 본 적이 있나요? 이것은 양팔 저울이에요. 양쪽에 무게가 같은 것들을 올려놓으면 저울 양쪽이 평행해지고, 무게가 다른 것들을 올려놓으면 무게가 더 큰 쪽으로 기울어지게 되어 있습니다. 내가 양팔 저울 위에 농구공과 오렌지를 한번 올려놓아 볼게요. 저울의 왼쪽에는 농구공을, 그리고 오른쪽에는 오렌지를 올려놓으면 오렌지보다 무거운 농구공 쪽으로 기울어집니다.

농구공과 오렌지의 무게를 비교하여 부등식으로 나타내면 두 개의 무게가 같지 않으므로 $<, >$ 중 큰 쪽을 향해 벌어지게 쓰면 되겠죠? 농구공의 무게가 더 크니까 부등호로 나타내면 '농구공의 무게 $>$ 오렌지의 무게' 가 됩니다.

저울의 양쪽에 물건을 놓으면 어느 것이 더 무거운지 또는 가벼운지 알 수가 있겠죠? 물론 양팔 저울을 이용하면 두 물건 중 어느 한 물건에 대해 그것의 정확한 무게는 알 수가 없습니다. 다만, 두 물건의 무게를 비교하여 그것의 크고 작음을 알 수 있답니다. 그런데 여러분, '크고 작음을 비교한다' 는 말은 지난 시간부터 계속 들었던 얘기죠?

"예! 크고 작음을 나타내는 식이 부등식이잖아요!"

네, 부등식에 대해 잘 알고들 있네요. 그렇다면 이제 부등식과 양팔 저울의 같은 점을 한번 찾아볼까요?

우선 둘 사이에는 크고 작음을 비교한다는 공통점이 있어요. 그리고 양팔 저울에 왼쪽 팔과 오른쪽 팔이 있다면, 부등식에는 좌변과 우변이라는 것이 있어요. 그래서 그 둘을 합쳐 양변이라

해리엇이 들려주는 일차부등식 이야기

고 하는데, 이것은 양팔 저울의 양팔에 해당하지요. 또한, 부등식은 양변 중 큰 쪽을 향해 벌어져 있고, 양팔 저울은 무게가 무거운 쪽으로 기울게 됩니다.

양팔 저울과 부등식의 이러한 공통점들 때문에 저울을 가지고 무게를 비교하는 것은 부등식에서 크기를 비교하는 것과 같다고 볼 수 있습니다. 그래서 이번 시간에 배울 부등식의 성질을 저울 또한 똑같이 가지고 있답니다.

자, 이제 그럼 여기 네 개의 사탕을 가지고 부등식의 성질을 알아보도록 하겠습니다. 이 네 개의 사탕들은 모두 양팔 저울 위에 하나씩 올려 두면 같은 무게라는 것을 알 수 있습니다. 수평을 이루고 있기 때문이죠.

그럼 이번에는 두 개씩 모아 봅니다. 사탕 하나의 무게가 같으므로 그것들을 두 개씩 모아서 무게를 잰다고 하더라도 양쪽의 무게는 같으므로 저울의 팔은 수평을 이룹니다.

이번에는 좀 전에 올려 두었던 농구공과 오렌지 위에 이 네 개의 사탕들을 두 개씩 짝을 지어 올리려고 합니다. 그러면 저울의 기울기는 어떻게 변할까요?

"글쎄요. 무거운 쪽으로 기울지 않을까요?"

자, 저울을 통해 직접 확인해 보도록 합시다.

여전히 농구공이 있는 왼쪽이 더 무겁네요. 이렇게 저울의 양쪽에 똑같은 것을 더 놓아도 저울의 기울기는 변하지 않습니다.

해리엇이 들려주는 일차부등식 이야기

저울에 놓여 있는 것의 무게를 부등식으로 나타내면 '(농구공＋사탕 2개)의 무게＞(오렌지＋사탕 2개)' 가 됩니다. 그럼, 사탕을 올려놓기 전과 후를 부등식으로 비교해 볼까요?

농구공의 무게＞오렌지의 무게

(농구공＋사탕 2개)의 무게＞(오렌지＋사탕 2개)의 무게

처음의 부등식에서 양변에 사탕 2개의 무게가 추가되었다는 차이점이 있지만 부등호의 방향은 변하지 않았죠? 사탕을 넣었을 때 저울의 기울기가 변하지 않았듯이 부등식도 양쪽에 똑같은 것을 넣으면 부등호가 벌어져 있는 쪽이 바뀌지 않아요. 이와 마찬가지로, 저울의 양팔에 똑같은 무게의 사탕을 올려놓은 것처럼 부등식의 양쪽에 똑같은 것을 넣어 봅시다.

숫자 5와 3의 크기를 비교하여 부등식으로 나타내면 $5 > 3$입니다. 부등식의 양쪽에 똑같이 2를 넣어 볼까요?

$$5+2 > 3+2$$

좌변을 계산하면 7이고 우변을 계산하면 5이므로 양쪽에 똑같이 2를 더해도 부등호의 방향은 변하지 않습니다. 그러므로 '5+2>3+2'로 나타낼 수 있습니다.

중요 포인트

부등식의 성질 (1)

부등식의 양변에 같은 수를 더해도 부등호의 방향은 바뀌지 않는다.

$$
\begin{array}{ccc}
5 & > & 3 \\
{\scriptstyle +2}\downarrow & & \downarrow{\scriptstyle +2} \\
7 & > & 5
\end{array}
$$

우리가 사용하는 사칙연산에는 더하기, 빼기, 곱하기, 나누기가 있습니다. 더하는 경우에 부등호의 방향이 변하지 않았으니까, 빼는 경우는 어떻게 되는지 저울에서 살펴봅시다.

저울의 왼쪽에 농구공과 사탕 2개, 오른쪽에 오렌지와 사탕 2개가 있어요. 사탕의 무게는 모두 같았어요. 이번에는 저울의 양쪽에서 사탕 1개씩을 빼 봅시다.

해리엇이 들려주는 일차부등식 이야기

저울의 기울기에는 변함이 없죠? 저울의 양쪽에 있는 것의 무게를 비교하여 부등식으로 나타내면 다음 식과 같습니다.

> {(농구공＋사탕 2개)－사탕 1개}의 무게＞{(오렌지＋사탕 2개)－사탕 1개}의 무게

저울과 같이 부등식도 양변에 똑같은 수를 빼도 부등호의 방향이 변하지 않아요. 저울의 양팔에서 똑같은 무게만큼을 빼도 저울의 기울어진 쪽이 변하지 않듯 부등식에서도 부등호가 벌어진 방향은 변하지 않아요.

눈에 보기 편하게 숫자를 사용한 부등식에서 부등호의 방향을 살펴봅시다. 100과 40의 대소 관계를 부등식으로 나타내면 $100 > 40$입니다. 양변에서 같은 수 10을 빼 봅시다.

$$100 - 10 \; > \; 40 - 10$$

좌변을 계산하면 90이고 우변을 계산하면 30이므로 양쪽에 똑같이 10을 빼도 부등호의 방향은 변하지 않아 '100－10＞40－10'으로 나타남을 알 수 있습니다.

중요 포인트

부등식의 성질 (2)

부등식의 양변에 같은 수를 빼도 부등호의 방향은 바뀌지 않는다.

$$100 \quad > \quad 40$$
$$-10 \downarrow \qquad \downarrow -10$$
$$90 \quad > \quad 30$$

농구공과 오렌지가 올려진 저울에서 오렌지가 있는 오른쪽 팔에만 사탕을 얹으면 저울의 기울어진 쪽이 농구공이 있는 왼쪽에서 오렌지가 있는 오른쪽으로 바뀔 수 있어요. 마찬가지로 농구공과 사탕 2개, 오렌지와 사탕 2개가 올려져 있는 저울에서 농구공에 있는 사탕만 2개 빼 버리면 기울어져 있는 쪽이 오렌지와 사탕이 있는 오른쪽으로 기울어지게 바뀔 수 있답니다. 저울이

해리엇이 들려주는 일차부등식 이야기

부등식과 같은 성질이 있으니까 부등식을 풀 때 수를 더하거나 빼는 경우 꼭 양변에 똑같이 해 주어야 한다는 것을 잊지 맙시다.

자, 기억합시다. 부등식의 연산에서는 꼭 양변에 똑같이!

이처럼 저울을 이용하여 무게를 비교하는 것과 같이 부등식을 생각하니까 훨씬 쉽게 느껴지죠? 우리가 배운 부등식의 성질을 이용하면 문자가 들어간 부등식에서도 쉽게 해를 구할 수 있어요.

부등식 $x+5 \leq 10$이 참이 되게 하는 값인 해를 구해 봅시다. x 가 될 수 있는 값의 모임인 집합을 여러분에게 알려 주지 않았 죠? 그러면 우리가 알고 있는 모든 수가 x가 될 수 있는 것이랍니다. 그럼 우리가 알고 있는 수를 대입해 볼까요?

　　1을 대입하면 $1+5 \leq 10$이므로 참

　　2를 대입하면 $2+5 \leq 10$이므로 참

　　지난 시간에 배운 음수도 대입해 볼까요?

　　-1을 대입하면 $(-1)+5 \leq 10$이므로 참

　　-2를 대입하면 $(-2)+5 \leq 10$이므로 참

　　"선생님 숫자가 너무 많아서 하나 하나 대입해서 계산하면 끝이 없겠어요."

　　맞아요. 손가락으로 셀 수 없는 많은 수를 부등식 x에 하나하나 대입하기에는 너무 많은 시간이 걸린다고 했죠? 그렇다고 어떻게 부등식을 풀어야하나 걱정하진 마세요. 우린 이번 시간에 부등식의 성질을 이용하면 부등식의 해를 쉽게 구할 수 있으니까 말이에요.

　　부등식을 푼다는 것은 x가 될 수 있는 값의 범위를 구하는 것

해리엇이 들려주는 일차부등식 이야기

입니다. 부등식 $x+5 \leq 10$에서 우리가 구해야 하는 것인 x만 좌변에 남기고 5를 없애면 x가 될 수 있는 값의 범위만 남아요. 아무 것도 없는 것을 나타내는 수는 숫자 0이었습니다. 그럼 5를 0으로 만들려면 어떻게 해야 할까요?

"5 빼기 5는 0이 되니까 5를 빼 줘요!"

부등식의 양변에 똑같은 수를 더하거나 빼도 부등식의 방향이 변하지 않으니까 5를 양변에서 빼 봅시다.

$$x+5-5 \leq 10-5$$

그러면 좌변은 x가 되고 우변은 5가 되므로 $x \leq 5$가 됩니다. 5를 좌변에서만 빼면 부등호의 방향이 바뀔 수 있어요. 그래서 부등식의 해를 구할 때는 꼭 양변에 똑같은 연산을 해 주어야 한답니다. 우리가 구하는 미지수 x의 범위가 5 이하이므로 5를 포함해서 5보다 작은 수가 다 x값이 될 수 있는 거죠? 5, 4, 3, 2, 1, 0과 음수가 모두 이 부등식 $x+5 \leq 10$의 해가 됩니다. 이처럼 부등식의 해를 구하는 데 있어 부등식의 성질은 매우 유용하게 쓰인답니다.

▨ 수직선과 부등식

수직선에 표시된 점 A를 나타내는 수와 B를 나타내는 수들 중에서 어느 수가 더 클까요?

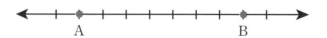

수직선에서는 오른쪽으로 갈수록 숫자가 커지므로 B가 더 큰 수입니다. 수직선에서 나타내어진 수도 그 위치에 따라 대소 관계를 비교할 수 있어요.

숫자 −2와 1의 대소 관계를 비교하면 −2<1입니다. 수직선에 −2와 1을 표시하면 큰 수인 1이 더 오른쪽에 표시됩니다. 부등호의 양변에 똑같은 수를 더해도 부등호의 방향이 변하지 않았죠? 수직선이 부등호와 같이 대소 관계를 비교하는 역할을 한다면 양쪽에 똑같은 것을 더해도 숫자가 표시되어 있는 위치를 비교하여 대소 관계를 비교할 수 있어요. 수직선의 오른쪽으로 갈수록 숫자가 커지므로 수직선에 표시된 −2를 표시한 점 A와 1을 표시한 점 B를 똑같이 2씩 크게, 즉 2칸씩 오른쪽으로 옮겨 봅시다.

해리엇이 들려주는 일차부등식 이야기

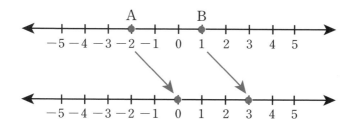

오른쪽으로 두 칸씩 움직였어도 여전히 점 A가 왼쪽에 있으니까 작은 수입니다. 수직선의 수를 옮긴 것을 부등식에서도 해 봅시다. 수직선에서 오른쪽으로 두 칸씩 움직였으니까 숫자가 2만큼 커졌어요. -2와 1이 2만큼 커진 것을 식으로 나타내면 좌변은 $-2+2=0$, 우변은 $1+2=3$이므로 $0<3$이 됩니다. 여전히 부등호의 방향은 변하지 않았죠? 이번에는 두 점 A, B를 똑같이 3칸씩 왼쪽으로 옮겨 봅시다.

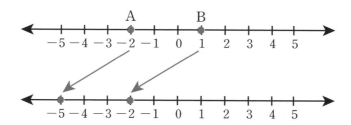

점 A와 B를 모두 왼쪽으로 세 칸씩 움직였어도 여전히 점 A가 점 B보다 왼쪽에 있으니까 작은 수입니다. 왼쪽으로 세 칸씩 움직였으니까 숫자가 3만큼 작아졌어요. 이것을 부등식으로 나타내면 좌변은 $-2-3=-5$, 우변은 $1-3=-2$이므로 $-5<-2$가 됩니다. 여전히 부등호의 방향은 변하지 않았습니다. 저울과 부등식에서 알아본 성질이 수직선에서도 똑같이 적용되죠? 수직선의 오른쪽으로 갈수록 숫자가 커지기 때문에 숫자의 위치를 수직선에 나타내면 대소 관계가 비교됩니다. 그렇기 때문에 부등식의 성질은 수직선에서도 유효하다고 할 수 있습니다.

지금까지 부등식의 성질 두가지를 공부했습니다. 부등식의 성질이 생각나지 않을 때는 저울과 수직선을 떠올려 보세요. 이번 시간에는 부등식의 양변에 같은 수를 더하고 빼면서 부등식의 성질에 대하여 알아보았습니다. 다음 시간에는 곱하기와 나누기를 하면서 부등식의 성질을 배워 봅시다.

해리엇이 들려주는 일차부등식 이야기

두 번째
수업 정리

❶ 부등식의 양변에 같은 수를 더해도 부등호의 방향은 바뀌지 않습니다.

❷ 부등식의 양변에 같은 수를 빼도 부등호의 방향은 바뀌지 않습니다.

곱하거나 나누면 부등호의 방향이 어떻게 될까요?

부등식의 곱셈과 나눗셈의 성질을 알아봅니다.

세 번째 학습 목표

1. 부등식에서 곱셈의 성질을 알아봅니다.
2. 부등식에서 나눗셈의 성질을 알아봅니다.

미리 알면 좋아요

1. 인도의 수학은 상업적이고 실용적인 면에서 발달하였습니다. 그래서 인도의 수학자 굽타가 쓴 수학책에는 원금과 이자 계산에 관한 문제가 많이 실려 있고 현재 이차방정식의 해를 구하는 근의 공식과 비슷한 풀이법도 실려 있습니다. 그리고 인도에서 발견한 숫자 0은 우리가 현재 쓰고 있는 십의 자리, 백의 자리와 같이 수를 나타내는 십진법의 사용으로 숫자의 표기와 계산이 훨씬 간단하게 되었습니다.

2. 디오판토스는 그리스 후기 수학자로 '대수의 아버지'로 불립니다. 그리스 수학에 최초로 기호를 도입한 수학자로 수세기 동안 문장으로 표현되었던 수학을 식으로 표현하는 자신만의 표기법을 만들어 대수의 발전에 중요한 역할을 했습니다. 디오판토스는 유리수 범위에서 연립방정식의 해를 찾은 것으로 유명한데 흥미로운 점은 디오판토스는 음수 해를 해로 인정하지 않았다는 것입니다.

해리엇의
세 번째 수업

지난 시간에는 부등식의 성질 중 덧셈과 뺄셈에 관한 두 가지 성질을 배웠죠? 이번 시간에는 곱셈과 나눗셈에 대한 부등식의 성질을 배울 거예요. 우리가 사용하는 수에는 자연수와 같은 '양수'와 '0', '음수'가 있다고 했습니다. 양수와 음수를 구분하기 위해서 플러스 기호 '+'와 마이너스 기호 '−'를 사용하죠? 양수와 음수의 구분은 우리가 계산할 때 사용하는 덧셈, 뺄셈 기호 '+, −'와 똑같은 기호를 사용합니다. 부등식의 곱셈과 나눗셈의 성질을 배우기 위해서는 필요한 양수와 음수의 사칙연산을 알아야 해요.

우리는 양수와 양수의 연산, 즉 5+2나 10÷5와 같은 경우는 잘 알고 있지만 음수와 음수의 연산, 즉 (−5)×(−2)나 음수와 양수의 연산인 10÷(−2) 같은 경우는 생소할 것입니다. 그러니까 우선 우리는 이러한 연산들에 익숙해져야 합니다.

이미 말했다시피 우리는 양수와 양수의 계산에 대해서는 잘 알고 있어요. 그럼, 이번에는 양수와 음수를 모두 섞어서 덧셈, 뺄셈을 해 봅시다. 3을 수직선에 나타내면 수직선의 기준점인 0에서 오른쪽으로 3칸만큼 움직여야합니다. 여기에 어떤 숫자를 더하면 똑같은 방향으로 나아가게 되고, 뺄셈을 하면 숫자가 작아져야 하니까 반대 방향으로 가야 합니다. 이것을 양수와 음수의 덧셈, 뺄셈에서 사용하면 쉽게 계산할 수 있답니다.

그럼, (−2)−3을 직접 수직선에 표시하여 계산해 봅시다.

1. −2는 음수이므로 0을 기준을 왼쪽으로 2칸 이동을 합니다.

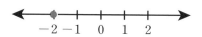

2. 이번에는 양수 3을 빼야합니다. 3은 오른쪽으로 3칸 가야하

는데 뺄셈이니까 반대 방향으로 3칸 움직여야 해요.

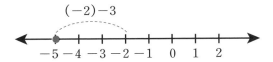

$(-2)-3$

이렇게 움직여서 닿게 되는 곳이 바로 -5입니다. 즉 $(-2)-$
3을 계산하면 -5가 됩니다.

그러면 이제 $(-2)-(-3)$을 계산해 봅시다.

1. -2는 0을 기준으로 왼쪽으로 2칸 이동을 합니다.

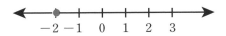

2. -3은 왼쪽으로 3칸 이동해야 하지만 뺄셈이니까 반대 방향
   인 오른쪽으로 3칸 움직여야 해요.

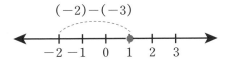

$(-2)-(-3)$

이렇게 움직여서 있게 되는 곳이 1입니다. 즉, $(-2)-(-3)$
을 계산하면 1이 됩니다. 빼기 기호와 음수 3을 나타내는 기호가

만나서 결국 오른쪽으로 3칸 움직였으니까 +3만큼 움직이게 된 것과 같죠? 이렇게 빼기 기호와 음수 기호가 붙어서 같이 있으면 양수 (+) 기호가 된답니다.

양수와 음수의 덧셈과 뺄셈을 수직선에서 계산해 보면 쉽게 답을 얻을 수 있어요. 하지만 곱셈과 나눗셈은 조금 복잡해요. 그렇기 때문에 여기서는 그것을 좀 더 쉽게 구하는 방법에 대해서 알아볼 것이에요. 우선, 부호는 생각하지 말고 숫자만 곱해 주세요. 그리고 숫자에 있는 플러스와 마이너스 기호를 모아 어떤 부호가 될지 결정합니다.

부호를 어떻게 결정할까요? 두 개의 숫자를 곱할 때 양수끼리 또는 음수끼리 같은 부호를 가진 것을 곱하면 양수가 되지만 다른 부호끼리 곱하면 음수가 됩니다. 두 개씩 기호를 모아 계산하면 양수가 될지 음수가 될지 알 수 있어요.

중요 포인트

정수의 곱셈

- 양수 × 양수 = 양수
- 음수 × 음수 = 양수
- 양수 × 음수 = 음수
- 음수 × 양수 = 음수

그러면 양수 × 음수 × 음수 × 음수 × 양수의 부호는 어떻게 될까요? 우선 2개씩 생각해 보자고요.

$$\underbrace{\underbrace{양수 \times 음수}_{음수} \times \underbrace{음수 \times 음수}_{양수} \times 양수}_{음수}$$

앞의 네 수의 부호는 음수가 되었습니다. 그럼 음수×양수만 남았죠? 서로 다른 부호를 곱하면 음수이니까 결과는 음수가 되겠네요.

그런데 음수와 음수를 곱하면 양수가 된다는 것이 쉽게 이해가 안 되죠? 음수를 처음 발견한 인도의 수학자들도 이것을 잘 이해하지 못했고 그리스의 수학자 디오판토스 또한 음수를 싫어해서 답으로 생각하지 않았답니다. 하지만 음수의 뺄셈을 수직선에 나타냈던 방법을 생각하면 쉽게 이해를 할 수 있어요. 음수는 왼쪽으로 가야하지만 뺄셈을 하면 반대로 움직여야 하니까 결국 오른

해리엇이 들려주는 일차부등식 이야기

쪽으로 움직이게 되겠죠? 즉, 음수와 음수가 붙어 있으니까 플러스 방향으로 가게 됩니다.

그럼, 이번에는 양수와 음수의 곱셈과 나눗셈을 할 수 있는지 한번 확인해 볼까요?

반 친구들 20명과 미술 전시회를 가기로 했어요. 한 명당 입장료가 2000원입니다. 친구들의 수와 입장료를 양수로 하고 할인 금액을 음수로 나타낼게요. 그렇다면 전체 입장료는 얼마일까요?

"2000원×20명이니까 40000원이요."

(+2000)×(+20)이므로 +40000원이 됩니다. 그런데, 단체 15명 이상이면 1명당 500원씩 할인을 해 준다고 합니다. 우리 반 친구들은 모두 20명이라서 1명당 500원씩 할인을 받을 수 있겠죠? 그럼 얼마나 할인을 받을 수 있을까요?

"500원씩 20명이니까 만원이에요!"

이것을 식으로 나타내면, 할인 금액을 음수로 나타낸다고 했으니까 (−500원)×(+20명)=(−10000원)이 됩니다. 만원이나 할인을 받게 되었습니다. 그런데 2명의 친구가 배가 아파서 전시회에 참석하지 못하게 됐어요. 그럼 이 두 명이 할인받은 금액을 총 입장료에 다시 더해 줘야겠지요? 더해 줘야 하는 값을 식으로 나타내 보면, 친구들의 수가 2명 줄었으므로 −2이고 할인받은 금액을 음수로 나타내어야 하니까 −500원, 결국 (−2)×(−500원)을 총 입장료에 다시 더해 줘야 합니다. 그럼, 얼마의 돈을 입장료에 더해야 할까요?

"두 명의 할인 금액을 더해 줘야 하니까 1000원요!"

그럼 입장료에 1000원을 더 줘야하니까 양수 1000이 됩니다. 즉 (−2)×(−500원)=(+1000원)이라는 것을 알 수 있어요. 음수와 음수를 곱했더니 양수가 되었지요?

중요 포인트

두 수의 곱셈과 나눗셈의 계산

1. 같은 부호를 가진 두 수 : 부호를 제외한 숫자만을 계산한 후 양+의 부호를 붙인다.
2. 서로 다른 부호를 가진 두 수 : 부호를 제외한 숫자만을 계산한 후 음−의 부호를 붙인다.

해리엇이 들려주는 일차부등식 이야기

자, 그럼 이제는 부등식에서 양변에 숫자를 곱하거나 나눌 때의 부등호의 방향이 어떻게 되는지 알아볼 거예요. 지금까지 배운 양수와 음수를 계산하는 방법을 잘 생각해서 부등식의 곱셈과 나눗셈의 성질을 배워 봅시다. 우선 양수를 곱하거나 나누는 경우는 어떻게 되는지 살펴봅시다.

　이것은 지난 시간에 배운 양팔 저울이에요. 왼쪽 저울에는 농구공이 있고 오른쪽 저울에는 오렌지가 있어요. 똑같이 4배를 하면 저울의 기울기는 어떻게 될까요? 여전히 저울은 농구공이 있는 쪽으로 기울어져 있습니다. 저울에서의 무게를 부등식으로 나타내어 봅시다.

농구공의 무게 > 오렌지의 무게

4배

농구공 4개의 무게 > 오렌지 4개의 무게

농구공의 무게를 a, 오렌지의 무게를 b, 그리고 양변에 똑같이 곱해진 양수를 c라고 합시다. a와 b의 크기 비교를 등식으로 나타내면 $a > b$이고 양변에 똑같은 양수를 곱하여 얻은 식 ac와 bc의 크기를 비교하여 부등식으로 나타내면 $ac > bc$입니다.

중요 포인트

$a > b$이고 c가 양수이면 $ac > bc$

양쪽에 올려져 있는 것을 반으로 나누어 볼까요? 즉 양쪽 저울에 있는 물건의 무게에 '$\div 2$'를 하는 거예요. 그러면 양쪽 저울에는 농구공 2개와 오렌지 2개가 남아 있게 됩니다. 여전히 저울의 기울기가 변하지 않았습니다.

해리엇이 들려주는 일차부등식 이야기

농구공 4개의 무게 > 오렌지 4개의 무게

÷2

농구공 2개의 무게 > 오렌지 2개의 무게

저울과 같이 대소 비교를 할 수 있는 수직선에서도 알아볼까
요? −2와 1을 수직선에 나타내어 봅시다. 1이 오른쪽에 있으
므로 더 큰 수입니다. 이 숫자에 똑같이 2를 곱해 볼까요?
$(-2) \times 2 = -4$이고, $1 \times 2 = 2$이므로 여전히 1을 2배한 수가
큰 수입니다.

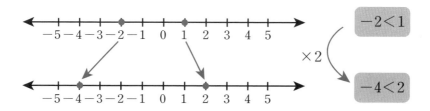

$-2 < 1$

×2

$-4 < 2$

부등식의 양변에 똑같이 양수를 곱했더니 부등호의 방향이 변
하지 않았습니다. 그럼, 이번에는 수직선에 있는 수 −4와 2를
똑같이 양수 2로 나눈 수 $(-4) \div 2 = -2$와 $2 \div 2 = 1$을 수직
선에 나타내어 봅시다.

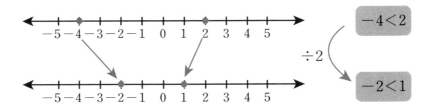

부등식의 양변에 똑같이 양수를 나누었더니 부등호의 방향이 변하지 않았어요. 부등식의 양변에 똑같은 양수로 곱하거나 나누어도 부등호의 방향은 변하지 않습니다.

중요 포인트

부등식의 성질 (3)

부등식의 양변에 같은 양수를 곱하거나 나누어도 부등호의 방향은 바뀌지 않는다.

$$5 \enspace < \enspace 9 \qquad\qquad 4 \enspace < \enspace 12$$
$$\times 2 \downarrow \qquad \downarrow \times 2 \qquad \div 2 \downarrow \qquad \downarrow \div 2$$
$$10 \enspace < \enspace 18 \qquad\qquad 2 \enspace < \enspace 6$$

수직선 위의 두 점 A, B의 크기를 부등식으로 나타내면 $-4<2$입니다. 이번에는 양변에 음수 -1을 곱하여 수직선에

해리엇이 들려주는 일차부등식 이야기

나타내 볼까요?

−4와 −1을 곱하면 양수가 되므로 $(-4) \times (-1) = 4$이고 2와 −1의 곱은 $2 \times (-1) = -2$입니다.

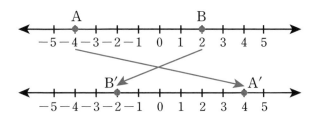

−4<2이므로 점 A와 점 B의 크기를 비교하여 부등식으로 나타내면 A<B입니다. 그런데 부등식의 양변에 −1을 곱하여 나타내어진 점 A′와 B′의 크기를 비교하면 A′>B′로 부등호의 방향이 반대가 되었습니다. a와 b의 크기 비교를 등식으로 나타내면 $a>b$이고 양변에 똑같은 음수 c를 곱하여 얻은 식 ac와 bc의 크기를 비교하여 부등식으로 나타내면 $ac<bc$입니다.

중요 포인트

$a>b$이고 c가 음수이면 $ac<bc$

이번에는 −4와 2를 똑같이 −2로 나누어 볼까요?

$(-4) \div (-2) = 2$이고, $2 \div (-2) = (-1)$이므로 수직선에

나타내면 다음과 같습니다.

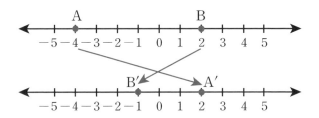

부등식의 양변에 음수를 곱해서 부등호의 방향이 반대로 바뀐

것과 같이 양변에 똑같이 음수 −2로 나누었더니 부등호의 방향

이 반대가 되었습니다.

중요 포인트

부등식의 성질 (4)

부등식의 양 변에 같은 음수를 곱하거나 나누면 부등호
의 방향이 바뀐다.

$$5 \; < \; 9 \qquad\qquad 4 \; < \; 12$$

$$\times(-2) \downarrow \qquad \downarrow \times(-2) \qquad \div(-2) \downarrow \qquad \downarrow \div(-2)$$

$$-10 \; > \; -18 \qquad\qquad -2 \; > \; -6$$

　지난 시간부터 부등식의 성질 네 가지를 배웠습니다. 이것을 다시 한 번 정리해 보면 부등식의 양변에 같은 수를 더하거나 빼도 부등호의 방향이 변하지 않았어요. 그리고 양변에 양수를 곱하거나 나누어도 부등호의 방향이 변하지 않아요. 하지만 양변에 음수를 곱하거나 나누면 부등호의 방향이 바뀌게 된다는 것을 알 수 있었습니다.

세 번째
수업 정리

❶ 두 개의 정수를 곱하면 어떤 부호가 되는지 알 수 있습니다.

① 양수×양수＝양수

② 음수×음수＝양수

③ 양수×음수＝음수

④ 음수×양수＝음수

숫자가 2개 이상인 수의 부호의 결정은 두 개씩 순서대로 생각하며, 하나씩 계산해 보면 알 수 있습니다. 예를 들어,

$$\underbrace{\underbrace{\text{양수} \times \text{음수}}_{\text{음수}} \times \underbrace{\text{음수} \times \text{음수}}_{\text{양수}}}_{\text{음수}} \times \text{양수} = \text{음수}$$

❷ 두 수의 곱셈과 나눗셈을 계산할 때에는 먼저 부호를 제외한 숫자만을 계산한 후 부호를 결정합니다.

❸ 부등식의 양변에 같은 양수를 곱하거나 나누어도 부등호의 방향은 바뀌지 않습니다. 그러나 양변에 음수를 곱하거나 나누면 부등호의 방향이 반대로 바뀝니다.

이항을 이용한 일차부등식의 풀이

부등식의 성질과 이항을 이용하여 일차부등식의 해를 구해 봅시다.

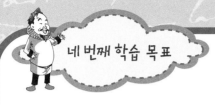

1. 일차부등식의 뜻을 알아봅니다.
2. 부등식의 성질을 이용하여 부등식을 풀 수 있습니다.
3. 이항을 이용하여 부등식을 풀 수 있습니다.

미리 알면 좋아요

1. 최소공배수 2개 이상의 수의 공통인 배수 가운데서 가장 작은 것을 최소공배수라고 합니다. 예를 들어 4의 배수는 4, 8, 12, 16, 20, 24, … 6의 배수는 6, 12, 18, 24, 30,… 이면 공통으로 들어간 공배수는 12, 24…가 있습니다. 이 중에서 제일 작은 12를 최소공배수라고 합니다.

2. 문자의 사용 모르는 문자 x나 부등호 $<$, $>$, $\leq$, $\geq$와 같은 기호를 사용하여 식을 세우면 편리합니다. 이러한 문자를 수학에 사용하게 된 것은 문명이 발달하면서 사람들이 계산하는 과정과 생각하는 과정을 간단하고 분명하게 나타내기를 원했기 때문입니다. 수학에서 문자와 기호의 사용은 수학의 발전을 가져왔으며, 우리의 삶도 편하게 하는 데 도움을 주었습니다. 실생활의 많은 문제들을 간단한 수식으로 나타내어 계산할 수 있게 되었기 때문입니다.

3. 변수와 상수 변수는 여러 가지 값으로 변할 수 있는 수를 말하며, x, y, a와 같은 문자로 표현됩니다. 상수는 일정한 값을 나타내는 숫자로 표현됩니다.

해리엇의
네 번째 수업

부등식의 네 가지 성질을 이용하면 부등식의 해를 구할 수 있어요. 이번 시간에는 **일차부등식**의 해를 구해 볼 거예요. 부등식 앞에 일차라는 말이 붙어 있죠? 이것은 미지수 x에 의해서 구분되는 말이랍니다. 수학에서 모르는 수미지수는 주로 문자 x를 써서 나타냅니다. 하지만 문자를 사용하여 나타낼 때는 규칙이 있어요. 어떤 규칙이 있는지 알아볼까요?

문자를 사용하여 곱셈을 나타낼 때는 숫자와 숫자의 곱셈과는 달리 곱셈 기호를 생략하여 나타낼 수 있습니다. 그리고 생략하여 나타낼 때 숫자는 문자 앞에 씁니다. 가령, 농구공 하나의 무게를 x라고 합시다. 양팔 저울의 왼쪽에 4개의 농구공이 있으면 농구공 4개의 무게는 $4 \times x$로 나타낼 수 있습니다. 이때 $4 \times x$는 곱셈 기호를 생략하고 $4x$로 나타낼 수도 있어요. 농구공이 하나 있다면 무게는 $1 \times x$가 되겠죠? 이것도 곱셈 기호를 생략하고 $1x$로 나타낼 수 있어요. 하지만 이렇게 1을 곱하면 그 수 자신이 되기 때문에 $1x$에서 1은 생략하고 그냥 x라고 나타냅니다.

문자와 문자의 곱 $b \times a$는 곱하기 기호를 생략하여 나타내면 ba가 됩니다. 그런데 곱셈을 나타내는 방법은 곱하여진 문자를 알파벳 순서대로 적어 준답니다. 그래서 $b \times a$는 ab로 나타냅니다. 그럼 $x \times x$는 xx로 나타낼까요? 이렇게 똑같은 것을 두 번 이상 곱하는 것을 거듭제곱이라고 합니다. 예를 들어, x를 열 번 곱했다고 생각한다면 $xxxxxxxxxx$와 같이 나타내면 식이 너무 길어져요. 만약 x를 100번 곱했다면 x를 100번이나 써 줘야 하니 얼마나 힘들고 오래 걸리겠어요. 그래서 생겨난 기호가 있답니다.

$$\text{밑} \rightarrow x^{100} \leftarrow \text{지수}$$

해리엇이 들려주는 일차부등식 이야기

문자 x 위에 작게 100이라는 숫자가 써져 있죠? x는 곱해지는 수를 나타내고 위에 작게 써져 있는 100은 몇 번 곱했는지를 알려줍니다. x^{100}이라고 쓰여진 거듭제곱은 x를 100번 곱한 것으로 'x의 백 제곱'이라고 읽습니다. 똑같이 곱해지는 수를 거듭제곱의 '밑'이라고 하고 곱해지는 횟수인 100을 거듭제곱의 '지수'라고 합니다.

예를 들어 , $x \times x = x^2$, $x \times x \times x = x^3$으로 x가 몇 번 곱해졌는지는 지수의 숫자여기서는 2, 3를 보면 알 수 있어요. 그리고 $a \times a \times c \times c \times c \times b$에서 문자와 문자 사이의 곱셈 기호를 생략하여 지수를 나타내면 $a^2 c^3 b$이지만 문자는 알파벳 순서대로 쓰니까 $a^2 b c^3$으로 나타낼 수 있겠죠.

중요 포인트

문자를 사용하여 곱셈을 나타내는 방법

(1) 수와 문자, 문자와 문자의 곱에서는 곱셈 기호 $\times$를 생략하고, 문자는 알파벳 순서대로 씁니다.

(2) 문자와 수의 곱에서는 수를 문자 앞에 씁니다.

(3) 어떤 수에 1을 곱하면 그 수 자신이 됩니다.

문자를 사용하여 곱셈을 나타내는 방법을 이용하여 식 $x^2 + 2x - 3$을 써 보았어요. x^2은 $x \times x$를 뜻하고 $2x$는 $2 \times x$를 나타내는 거예요. 이렇게 수와 문자의 곱으로 이루어진 x^2, $2x$, -3을 각각 '항'이라고 합니다. 그리고 식 $x^2 + 2x - 3$와 같이 항의 합으로 이루어진 식을 '다항식'이라고 하고 x^2과 같이 항이

하나만 있는 경우는 '단항식' 이라고 합니다. 항 중에서 -3과 같이 숫자만 있는 항은 '상수항' 이라고 하고, 숫자$\times$문자의 곱에서 문자 앞의 숫자를 '계수' 라고 합니다.

$$\boxed{x^2} + \boxed{2x} \quad \Rightarrow \text{ 항이 2개 있는 다항식, 상수항은 없습니다.}$$
$$\boxed{x^2} + \boxed{2x} - 3 \Rightarrow \text{ 항이 3개 있는 다항식, 상수항은 } -3\text{입니다.}$$

$\downarrow \qquad \downarrow$

x^2의 x의
계수 1 계수 2

문자를 사용하여 식을 나타내면 $a \times a \times c \times c \times c \times b$를 a^2bc^3 처럼 간단하게 나타낼 수 있어서 편리할 뿐만 아니라 문자를 이용하여 나타내면 수가 가지고 있는 성질을 보기 편하게 나타낼 수 있어서 수학에서는 문자를 많이 사용한답니다.

지난 시간에 부등식의 성질 중 양변에 똑같은 수를 더해도 부등호의 방향이 변하지 않는다는 성질이 있었죠? 이것을 문자를 사용하여 나타낼 수 있어요. 부등식의 덧셈의 성질은 양변에 같은 수를 더해도 부등호의 방향이 변하지 않는다고 했죠? 예를 들어 $1<2$이면 양변에 똑같이 3을 더했을 때도 $1+3<2+3$이 되는 거예요. 하지만 이 부등식에서 1, 2, 3의 숫자 대신에 임의의

수를 나타내도록 문자 a, b, c를 사용하여 부등식의 덧셈의 성질을 식으로 나타내면, '수 a, b, c에 대하여 $a<b$이면 $a+c<b+c$이다'와 같이 나타낼 수 있어요. a, b, c가 임의의 수라는 것은 우리가 쓰는 수인 실수를 일반적으로 나타낸 것입니다. 그래서 임의의 수에 대하여 성질을 나타낼 때 문자가 들어간 식으로 나타냅니다.

자, 이제 여러분들은 수학에 있어 숫자만큼이나 문자와 친해져야 수학을 잘할 수 있을 것이라는 생각이 들죠? 아직은 숫자보다 문자가 낯설겠지만 곧 익숙해지고 나중에는 자유자재로 쓸 수 있게 될 거예요.

이번 시간에 배우는 될 일차부등식은 문자가 곱해진 항들이 $2x-4<8$과 같이 부등식 안에 있어요. 지금까지 써 온 부등식 앞에 일차라는 말이 붙어 있죠? 이것은 문자의 차수를 말합니다. 항에 곱하여진 문자의 개수를 그 문자의 차수라고 합니다. 한 개가 곱해져 있으면 일차, 두 개가 곱해져 있으면 이차, 세 개가 곱해져 있으면 삼차와 같이 문자가 곱해져 있는 수를 나타냅니다. 그리고 차수가 1인 식을 일차식, 차수가 2인 식을 이차식이라고

합니다.

$2x \Rightarrow x$가 한 개 곱해져 있으므로 일차식이다.

$x^2 \Rightarrow x$가 두 개 곱해져 있으므로 이차식이다.

x^2+2x는 이차인 항 x^2과 일차인 항 x가 더해져 있죠? 이런 경우에는 차수가 더 높은 것을 그 다항식의 차수라고 합니다.

그러므로, 이 식은 2차식이라고 할 수 있습니다. 일차부등식이라고 하면 문자의 차수가 일차인 부등식을 말합니다. 그런데, 일차식이 들어 있으면 다 일차부등식이 될까요? 다음 두 식을 자세히 봐 주세요.

① $x+3<x+10$

② $x+2>5$

눈으로만 보고 일차식이 들어 있다고 일차부등식이라고 하면 틀리는 경우가 있어요. 식을 잘 살펴보면 일차항이 없어져서 일차식이 되지 않는 경우도 있어요. ①번의 식에서 x는 임의의 수를 나타냅니다. ①번 부등식의 양변에 임의의 수를 빼 볼까요?

$x+3-x<x+10-x$

그럼, 좌변은 3이 되고 우변은 10이 되므로 부등식은 $3<10$이 됩니다.

$x+3<x+10$의 식이 $3<10$과 같게 변했죠? 이렇게 일차항이 없어지게 되면 그 식은 일차부등식이라고 할 수 없답니다. 그래서 부등식에서는 항상 문자가 있는 항을 좌변으로 옮겨서 ②번

과 같이 차수가 일차인 항이 있는 부등식으로 나타내어질 때 일차부등식이라고 합니다.

②번은 일차부등식입니다. 일차부등식을 풀 때는 부등식의 성질을 이용해서 해를 구할 수 있어요.

부등식의 뺄셈 성질을 이용하여 $x+2>5$를 한번 풀어 볼까요? 우선, 양변에 2를 빼면, 아래와 같습니다.

$$x+\underbrace{(2-2)}_{0}>5-2$$

양변에 2를 빼면 $2-2=0$이기 때문에 부등식은 $x>5-2$가 됩니다. 그러므로 $x>3$이 됩니다. 처음 주어진 식과 뺄셈 성질을 이용한 식을 비교해 봅시다.

① $x+2>5$

② $x>5-2$

①번 부등식을 ②번 식으로 변형한 것이므로 둘은 결국 같은 식이에요. 자, 이 둘 사이의 차이점이 보이나요? 처음에 주어진

식의 우변에 있는 +2가 좌변으로 가면서 −2로 부호를 바꾸었습니다. 이렇게 부등식의 한 변에 있는 항을 부호를 바꾸어 다른 변으로 옮기는 것을 '이항'이라고 합니다.

우리가 집을 옮기는 것을 이사라고 하지요? 이항을 한자로 나타낸 移項에서 移는 '옮기다'는 뜻으로 이항은 '항을 옮기다'라는 뜻입니다. 이항을 이용하면 부등식의 해를 쉽게 구할 수 있답니다.

해리엇이 들려주는 일차부등식 이야기

$$x+3<5 \longrightarrow x<5-3$$

이항

우리들은 흔히 새로 이사 갈 집을 고를 때, 교통이 편하다든가 학교에 가깝다든가 상권이 좋다든가 하는, 우리 생활에 편리한 위치를 찾게 마련입니다. 마찬가지로 항을 움직일 때도 부등식을 더 편리하게 풀 수 있는 위치를 찾아 움직이게 돼요. 부등식에는 양변이 있죠? 이항은 같은 종류의 항을 찾아 좌변에서 우변으로 가거나, 또는 우변에서 좌변으로 움직이게 하는 것이랍니다. 같은 종류의 항을 '동류항'이라고 하는데 부등식 $2x-3<x+5$에서 $2x$와 x는 똑같이 일차항이므로 동류항이고 상수항 -3과 5도 똑같이 상수항이니까 동류항이 됩니다. 이렇게 동류항끼리 모이도록 이항을 해 주면 됩니다. 동류항끼리 모으기 위해 일차항은 좌변에 모이도록 하고 상수항은 우변에 모이도록 해 봅시다.

우변의 x를 좌변으로 이항하면 부호를 반대로 하여 움직이니까 $-x$가 됩니다.

$$2x-3-x<5$$

좌변의 -3을 우변으로 이항하면 부호를 반대로 하여 움직이니까 3이 됩니다.

$$2x - x < 5 + 3$$

이렇게 같은 종류끼리 모이면 동류항끼리 계산을 하면 돼요.

"그럼, 선생님! $2x - x$는 어떻게 계산해야 돼요?"

$2x$는 $2 \times x$를 나타내는 것이니까 x가 두 개 있다는 거예요. x가 두 개 있는 것에서 하나를 빼는 것과 같습니다.

$$\boxed{x \; x} - \boxed{x} = \boxed{x}$$
$$2x \quad - \quad x \quad = \quad x$$

동류항 계산을 다시 해 볼까요? 이번에는 일차항의 합인 $2x + 1x$를 계산해 본다면, x가 2개와 x가 1개인 것을 더하는 것이니까 x가 3개가 되어서 $3x$가 됩니다.

동류항 계산도 쉽죠? 지난 시간에 배운 부등식의 성질 네 가지와 문자를 이용하여 나타낸 항과 이항, 동류항 계산을 가지고 일차부등식을 풀어 봅시다.

▨일차항은 좌변으로 상수항은 우변으로 이항!

부등식이 주어지면 그 식이 참이 되게 하는 x의 값을 구합니다. 부등식을 풀어서 나온 답은 $x < 3$과 같이 나타냅니다. 그럼 부등식을 풀어서 나온 해를 다음과 같이 나타내어 봅시다.

미지수를 좌변에, 상수는 우변에 두니까 훨씬 보기 편한 것 같습니다. 그러니 이제 여러분들도 부등식을 풀 때는 항상 '일차항은 좌변! 상수항은 우변!으로 이항한다' 는 것을 꼭 기억하고 있어야 합니다. 예를 들어, 부등식 $x + 2 > 5$를 푼다고 한다면 좌변에 있는 상수항 2를 우변으로 이항하면 되겠죠? 다만, 이항할 때 꼭 기억해야 할 것은 '부호가 바뀐다는 것!' 그래서 좌변에 있는 +2를 우변으로 이항하면 −2가 됩니다.

$$x+2>5$$
2를 이항합니다.
$$x>5-2$$
동류항끼리 정리하여 간단하게 나타냅니다.
$$x>3$$

자, 이제 부등식 $5x-3<2x+6$도 자신 있게 풀 수 있겠죠? 일차항은 좌변으로 이항하니까 $2x$를 좌변으로 이항해요. 그리고 상수항 -3은 우변으로 이항하면 돼요!

$$5x-3<2x+6$$
$2x$와 -3을 이항합니다.
$$5x-2x<6+3$$
동류항끼리 정리하여 간단하게 나타냅니다.
$$3x<9$$

부등식을 푼다는 것은 x의 범위를 구하는 것이니까 좌변에 x 만 있어야 해요. 그럼 3이 없어져야 하는데 이것은 어떻게 하면 될까요? $3x$는 x에 3을 곱한 뜻이라는 것을 앞에서 얘기했습니다. 그럼, 이 '$\times 3$'을 없애기 위해서는 양변을 모두 3으로 나누어 주어야 합니다. 그러면 우리가 구하고자 하는 x의 값을 구할 수 있답니다.

해리엇이 들려주는 일차부등식 이야기

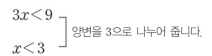

이렇게 좌변에 x가 남도록 적당한 숫자를 곱하거나 나눌 때 주의할 점은 음수를 곱하면 부등호의 방향이 바뀐다는 것입니다.

예를 들어, $-3x < -9$와 같이 x 앞의 -3을 없애기 위해서 양변을 -3으로 나누어 줄 때는 부등호의 방향이 바뀌어 $x > 3$이 됩니다.

일차항은 좌변, 상수항은 우변으로 이항하면서 우리가 배웠던 부등식의 성질을 잘 이용한다면 부등식을 좀 더 쉽고 정확하게 풀 수 있답니다. 부등식을 푸는데 복잡한 분수나 소수가 나오거나 괄호가 나오더라도 모르는 것이라고 지레 겁먹지 말고, 여러분이 알고 배운 것들을 바탕으로 차근차근 풀어 나가면 된답니다.

자, 그럼 다음 부등식을 봅시다.

$$\frac{x+2}{3} - \frac{x}{4} > 1$$

한눈에 봐도 분수가 있어서 계산하기가 무척 어렵게 보이죠? 자, 하지만 걱정만 하지 말고 우리가 알고 있는 것을 이용하여 한 번 풀어 보도록 합시다. 분모의 3과 4가 있으면 통분해서 계산하기가 불편해요. 그래서 통분하는 번거로움을 없애기 위해 3과 4의 공통인 배수를 곱하면 계산이 간단하게 된답니다.

공통인 배수는 12, 24, … 등으로 무수히 많이 있어요. 공통인

배수 중에서 가장 작은 수를 최소공배수라고 합니다. 최소공배수

12를 부등식 $\dfrac{x+2}{3} - \dfrac{x}{4} > 1$의 항 $\dfrac{x+2}{3}$와 $-\dfrac{x}{4}$, 1에 곱해 볼 까요?

우선, 항 $\dfrac{x+2}{3}$에 12를 곱할 때 주의할 점은 항이 몇 개인지 보는 거예요. $x+2$를 3으로 나눈 것이니까 항이 2개 더해진 후에 3을 나눈 것이라고 생각할 수 있습니다. $\dfrac{x+2}{3}$에 12를 곱한 다는 것은 두 개의 항을 3으로 나누고 거기에 다시 12를 곱한다고 볼 수 있으니까, 3과 12가 약분이 돼서 4만 남게 됩니다. 3으로 나눈 수 12를 곱하니까 결국 4를 곱하는 것과 마찬가지가 되네요.

$$\dfrac{x+2}{\cancel{3}} \times \cancel{12} = (x+2) \times 4$$

결국 4가 곱해진 것과 같죠? 그래서 두 개의 항 $x+2$에 4를 곱하면 됩니다. 두 개의 항을 먼저 더하고 4를 곱하기 때문에 식에 괄호를 사용하는 거예요. 이렇게 괄호가 있으면 괄호를 먼저 풀고 나머지 계산을 해야 합니다. 두 개의 항 $x+2$에 4를 곱하는 것이니까 항 x에도 4를 곱하고 항 2에도 4를 곱해야 합니다. 곱

해리엇이 들려주는 일차부등식 이야기

하기 4를 항에 똑같이 나누어 준다고 해서 이와 같은 경우를 분배법칙이라고 합니다.

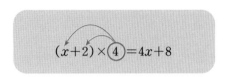

$$(x+2) \times 4 = 4x+8$$

항 $\dfrac{x+2}{3}$에 12를 곱하는 것을 다시 한번 정리해 볼까요?

$$\dfrac{x+2}{3} \times 12$$
$$(x+2) \times 4$$
12를 곱합니다.

$$4x+8$$
분배법칙을 이용하여 괄호 안의 각 항에 4를 곱합니다.

다른 항도 12를 곱하면 부등식을 풀 수 있어요. 우선 부등식 $\dfrac{x+2}{3} - \dfrac{x}{4} > 1$의 양변에 분모에 있는 3과 4의 최소공배수 12를 곱해요. 그리고 괄호가 있으면 분배법칙을 이용하여 괄호를 풀고 지금까지 부등식에서 꼭 기억해야 하는 '좌변에는 변수, 우변에는 상수'가 되게 이항하여 부등식의 해를 구하면 돼요. 다음의 순서를 잘 기억하세요.

$$\frac{x+2}{3} - \frac{x}{4} > 1$$

$$4(x+2) \times -3x > 12$$

$$4x + 8 - 3x > 12$$

$$4x - 3x > 12 - 8$$

$$x > 4$$

12를 곱합니다.

분배법칙을 이용하여 괄호를 풉니다.

이항을 합니다.

부등식의 해를 구합니다.

복잡해 보이는 부등식이라도 이렇게 순서대로 풀어 가면 아주 간단히 해를 구할 수 있어요.

자, 이제 그럼 좀 더 복잡해 보이는 부등식을 풀어 볼까요? 여기 $0.2(2x-3) \leq 0.9$와 같이 소수가 들어있는 부등식이 있습니다. 이 부등식도 딱 보기에 무척 어려워 보이죠? 하지만 이것도 앞의 경우와 마찬가지로 분수가 들어있는 부등식과 같이 우리가 배운 것들을 바탕으로 순서대로 풀어 가면 돼요.

우선은, 소수가 불편하니까 0.2와 0.9를 우리가 평소에 많이 쓰는 자연수로 바꾸어 봅시다. 자, 그럼 양변에 얼마를 곱해야 할까요? 네, 10을 곱하면 0.2와 0.9는 2와 9가 되니까 우리가 많이 쓰는 자연수가 됩니다. 이처럼 계산이 어려운 소수를 간단한 자연수로 바꾸기 위해 일정한 숫자를 곱한 후 앞의 부등식과 같이 풀면 됩니다.

$$0.2(2x-3) \leq 0.9$$

10을 곱합니다.

$$2(2x-3) \leq 9$$

분배법칙을 이용하여 괄호를 풉니다.

$$4x-6 \leq 9$$

이항을 합니다.

$$4x \leq 9+6$$

부등식의 성질을 이용하여 해를 구합니다.

$$x \leq \frac{15}{4}$$

자, 어때요? 결코 어렵지만은 않죠?

중요 포인트

일차부등식의 풀이 순서

① 계수에 분수가 들어 있으면 최소공배수를 곱하고, 소수가 들어 있으면 자연수가 되게 알맞은 수를 곱한다.
② 괄호가 있으면 분배법칙을 이용하여 괄호를 푼다.
③ 좌변에는 변수, 우변에는 상수가 있도록 이항하여 식을 정리한다.
④ 부등식의 곱셈과 나눗셈의 성질을 이용하여 해를 구한다.

부등식의 성질을 이용하면 일차부등식을 쉽게 풀 수 있습니다. 다음 시간에는 일차부등식에서 두 개의 해를 구하여 공통인 해를 구하는 것을 해 볼 거예요. 이번 시간에 배운 부등식을 차분하게 다시 살펴보고 잘 익혀야 다음 시간에 더 쉽게 부등식을 풀 수 있답니다. 꼭 다시 읽어 보기로 약속해요! 그럼, 다음 시간에 봐요!

해리엇이 들려주는 일차부등식 이야기

네 번째 수업 정리

❶ 문자를 사용하여 곱셈을 나타낼 때는 규칙이 있습니다.

① 수와 문자, 문자와 문자의 곱에서는 곱셈 기호 ×를 생략하고, 문자는 알파벳 순서대로 씁니다.

② 문자와 수의 곱에서는 수를 문자 앞에 씁니다.

③ 어떤 수에 1을 곱해도 그 곱은 그 수 자신이 됩니다.

❷ 문자를 사용하여 나타내어진 식에서 식을 구성하고 있는 하나하나의 단위를 항이라고 합니다. 숫자와 문자의 곱에서 문자와 관련이 있는 것으로 문자 앞에 곱하여진 숫자를 계수라고 하고 항에 곱하여진 문자의 개수를 그 문자의 차수라고 합니다. 예를 들어, x^2+3x의 항 x^2의 차수는 2차이고 $3x$의 차수는 1차이므로 이 다항식의 차수는 2차입니다. 그리고 가장 높은 차수가 1인 $x+3$과 같은 식을 일차식이라고 합니다.

❸ 차수가 일차인 항이 있는 부등식으로 나타내어질 때 일차부등식이라고 합니다. 부등식을 풀 때는 부등식의 한 변에 있는 항의 부호를 바꾸어 다른 변으로 옮기는 것을 이항이라고 합니다. 이항을 할 때는 변수는 좌변으로 상수는 우변으로 이항을 합니다.

❹ 일차부등식은 다음의 순서대로 풀면 해를 구할 수 있습니다.
① 계수에 분수가 들어 있으면 최소공배수를 곱하고, 소수가 들어 있으면 자연수가 되게 알맞은 수를 곱한다.
② 괄호가 있으면 분배법칙을 이용하여 괄호를 푼다.
③ 좌변에는 변수, 우변에는 상수가 있도록 이항하여 식을 정리한다.
④ 부등식의 곱셈과 나눗셈의 성질을 이용하여 해를 구한다.

수직선을 이용한 연립일차부등식의 풀이

부등식의 해를 수직선에 나타내면 연립부등식의
해를 구할 수 있습니다.

1. 등식의 해를 수직선 위에 나타낼 수 있습니다.
2. 연립부등식의 뜻을 알고 해를 구할 수 있습니다.

미리 알면 좋아요

연립방정식 좌변과 우변이 등식으로 연결된 방정식을 연립하여 나타낸 것입니다. 연립방정식이 $A=B=C$라고 주어지면 $A=B$나 $B=C$, 또는 $A=C$ 중 하나를 풀면 해를 구할 수 있습니다.

해리엇의
다섯 번째 수업

이전 시간에 우리는 이항과 부등식의 성질을 이용하여 해를 구하는 방법에 대해 공부했어요. 그런데 하나의 부등식의 해만 구할 수 있는 것일까요? 다음 교통표지판을 봐 주세요.

두 개의 교통표지판이 있는 곳에서 차의 속력은 어떻게 해야 할까요? 표지판 50을 보면 속력이 50 이하가 되어야 하고, 표지판 30을 보면 속력이 30 이상이 되어야 합니다. 그러면 이 두 표지판이 있는 곳에서의 속력은 두 표지판을 모두 만족해야 해요. 이렇게 두 개 이상의 부등식을 한 쌍으로 하여 공통인 해를 구해야 하는 부등식을 '연립부등식'이라고 하고, 이들 부등식의 해의 공통인 해를 '연립부등식의 해'라고 합니다. 연립부등식이나 연립방정식에 똑같이 있는 말인 연립은 '둘 이상의 것이 어울리어 성립하는 것'이라는 뜻이에요. 그리고 연립된 부등식이 모두 일차부등식이면 연립일차부등식이라고 합니다.

해리엇이 들려주는 일차부등식 이야기

연립부등식이므로 부등식이 서로 성립하도록 해야 하니까 공통으로 들어가는 해를 구하는 것이랍니다. 두 표지판을 동시에 만족하는 차의 속력을 구하면 30 이상 50 이하가 되어야 하니까 차의 속력 x는 30km/h 이상 50km/h 이하입니다.

$$30 \leq x \leq 50$$

이렇게 해를 구하는 것을 **연립부등식을 푼다**고 합니다. 연립부등식의 해를 쉽게 구하기 위해서는 수직선에 해를 나타내야 합니다.

자, 크기가 다른 두 개의 붓이 있습니다. 한 붓은 보라색 페인트로, 다른 붓은 회색 페인트로 칠해야 합니다. 그런데, 페인트를 칠할 때에는 규칙이 있어요.

규칙 1. 수직선에서 부등식의 해의 한계가 되는 부분에 페인트 붓을 놓습니다.
규칙 2. 이상과 초과는 수직선을 따라 오른쪽으로 칠하고,

이하와 미만은 수직선을 따라 왼쪽으로 칠합니다.

규칙 3. 이상과 이하는 시작하는 숫자에 ●를 표시하고, 초
과와 미만은 ○를 표시합니다.

그럼, 보라색과 회색이 만나 어두운 보라색이 되는 부분을 찾
아볼까요? 표지판 ㊿을 회색 페인트로, ㉚을 보라색 페인트로
칠하는 거예요. 두 명이 나와서 표지판이 나타내는 속력에 대한
부등식을 수직선에 그려 볼까요? 현승이와 윤서가 나와서 그려
봅시다.

표지판 ㊿에서 속력을 x라고 하면 $x \leq 50$이므로 규칙을 이용
하여 수직선에 나타내면 돼요. 자, 현승이가 칠해 볼까?

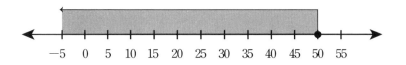

네, 정말 잘 했습니다. 붓을 한계가 되는 숫자인 50에 두고 이
하이므로 왼쪽으로 수직선을 따라 색칠했어요. 50 이하니까 한
계가 되는 50이라는 숫자에 ●도 정확하게 표시했네요.

그럼, 이번에는 표지판 ㉚을 수직선에 나타내어 볼까요? 윤서

가 나와서 표시를 해 보자.

"$x \geq 30$인 부분을 수직선을 따라 그리니까 30에 붓을 두고 오른쪽으로 그리면 돼요!"

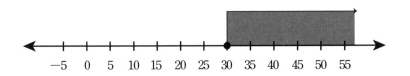

윤서도 참 잘 했어요. 부등식을 수직선에 따로 나타내었어요. 자, 이번에는 규칙 하나를 더 추가해 볼까요?

규칙 4. 두 개의 페인트를 한 수직선에 그려서 두 색에 같이 칠해진 부분을 구합니다.

새로운 규칙을 이용하여 현승이와 윤서가 수직선에 다시 칠해 볼까요?

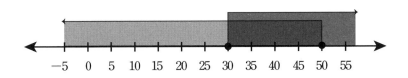

현승이와 윤서, 둘이 칠하고서 보니까 공통으로 붓을 칠하게 되어 어두운 보라색이 된 부분이 있죠? 그 부분은 바로 30부터 50까지입니다. ●은 이상, 이하에 표시하는 것이니까 표시된 부분의 숫자를 포함하는 거예요. 그래서 표지판 ⑤⓪과 ③⓪을 동시에 만족하는 속력의 범위는 $30 \leq x \leq 50$이 된답니다.

이처럼, 연립부등식을 풀 때는 각 부등식을 풀어서 수직선에 나타내어 공통인 부분을 구하면 된답니다. 이제 여러분도 서로 다른 두 색과 수직선을 이용하여 연립된 두 부등식의 해를 쉽게 구할 수 있겠죠?

해리엇이 들려주는 일차부등식 이야기

그럼, 지금부터는 다른 수직선을 통해서 부등식을 구하는 방법을 알아봅시다. 첫 번째 수직선입니다.

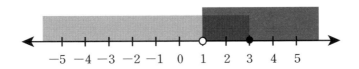

회색과 보라색을 칠했는데 어두운 보라색이 보이네요? 왜 어두운 보라색이 되었을까요?

"회색과 보라색이 모두 칠해졌기 때문이에요."

네, 이렇게 색을 칠해서 공통인 부분을 구해야 합니다. 회색으로 칠한 부분은 3부터 왼쪽이고, 3에 ●가 표시되어 있으니까 부등식으로 나타내면 $x \leq 3$입니다. 보라색으로 칠한 부분은 1부터 오른쪽이고, ○가 표시되어 있으니까 $x > 1$이에요. 그럼, 공통이 되는 부분도 부등식으로 나타내어야겠죠? 공통인 어두운 보라색 부분에서 x의 범위를 구하면 ○가 표시된 1부터 시작해서 ●가 표시된 3까지이므로 $1 < x \leq 3$이 됩니다. 이 말은 곧, $x \leq 3$과 $x > 1$을 연립해서 푼 해가 $1 < x \leq 3$가 된다는 것입니다. 연립부등식에서 주어진 부등식은 쌍으로 묶어서 다음과 같이 나타낼 수 있습니다.

$$\begin{cases} x \leq 3 \\ x > 1 \end{cases}$$

다음의 두 번째 수직선을 볼까요?

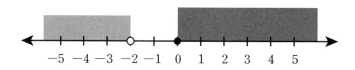

회색은 ○가 표시된 −4에서부터 오른쪽으로 칠했고, 어두운 보라색은 ●가 표시된 −2부터 오른쪽으로 칠했어요. 자, 이제 이것을 연립부등식으로 나타낼 수 있겠죠?

$$\begin{cases} x > -4 \\ x \geq -2 \end{cases}$$

그리고 수직선에서 공통인 부분, 즉 연립방정식의 해를 부등식 으로 나타내면 $x \geq -2$가 됩니다.

세 번째 수직선에는 공통인 부분이 있나요?

"아니요, 어두운 보라색으로 칠해진 부분이 없어요!"

네, 이렇게 수직선에 각 부등식의 범위를 표시하고 공통인 부분이 없으면 해가 없는 것이라고 할 수 있습니다. 그럼, 다음에 나오는 수직선의 경우는 어떨까요?

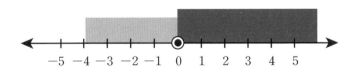

앞의 수직선에서 회색은 원점 0에서부터 왼쪽으로 칠해졌고,

보라색은 원점 0에서부터 오른쪽으로 칠해져 있죠? 우선은 공통인 부분이 안 보입니다. 그럼 두 페인트가 만나는 부분인 원점 0을 잘 살펴보세요. 회색의 범위는 $x < 0$이고 보라색의 범위는 $x \geq 0$이므로 0이 공통으로 들어가는 것일까요? 그렇지 않을까요? 이와 같은 경우는 겹치는 부분이 없는 것이라고 할 수 있습니다. 원점 0은 결국 어느 색도 칠해져 있지 않기 때문입니다. 이와 같은 경우에 특히 두 색깔이혹은, 수가 만나는 부분이 ○로 표시되었는지 ●로 표시되었는지를 잘 살펴보아야 합니다.

자, 이제 우리가 앞에서 배운 것들을 바탕으로 연립부등식 $\begin{cases} 2x-1 > -5 \\ x+2 \geq 4x-1 \end{cases}$ 을 풀어 보도록 합시다.

우선, 두 개의 부등식의 해를 각각 구해야 해요. 지난 시간에 부등식을 풀어 보았으니까 두 부등식의 해는 쉽게 구할 수 있겠죠? 먼저, 위에 있는 부등식인 $2x-1 > -5$를 풀어 봅시다. 부등식을 풀 때 꼭 기억해야 하는 것이 무엇이라고 했죠?

"일차항은 좌변! 상수항은 우변!으로 이항하는 것이요."

정말 잘 기억하고 있군요. 그리고 부등식의 덧셈, 뺄셈, 곱셈, 나눗셈의 성질도 이용해야 합니다. 자, 그럼 이항부터 해서 해를 구해 봅시다.

$$2x-1>-5$$
　　　　　　　　　　-1을 이항합니다.
$$2x>-5+1$$
　　　　　　　　　　동류항을 정리하여 간단하게 나타냅니다.
$$2x>-4$$
　　　　　　　　　　양변을 2로 나눕니다.
$$x>-2$$

$x+2 \geq 4x-1$도 똑같은 방법으로 해를 구하면 돼요. 잘 기억하고 있는지 질문 하나 할까요? 부등식의 양변에 음수를 곱하거나 나눌 때는 부등호의 방향이 어떻게 되죠?

"반대가 되어요."

네, 맞습니다. 여러분들은 부등식 $x+2 \geq 4x-1$도 잘 풀 수 있겠죠?

$$x+2 \geq 4x-1$$
　　　　　　　　　　$4x$와 2를 이항합니다.
$$x-4x \geq -1-2$$
　　　　　　　　　　동류항을 정리하여 간단하게 나타냅니다.
$$-3x \geq -3$$
　　　　　　　　　　양변을 -3으로 나눕니다.
$$x \leq 1$$

연립부등식 $\begin{cases} 2x-1 > -5 \\ x+2 \geq 4x-1 \end{cases}$ 를 풀어서 해 $x > -2$와 $x \leq 1$을 구했습니다. 이제 구한 해들을 수직선 위에 나타내면 됩니다.

"부등식을 풀 때마다 붓에다 페인트를 칠해서 수직선에 그려야 하나요? 번거롭고 힘이 들어요."

아뇨. 그 방법은 단지 여러분들의 이해를 돕기 위해서 썼던 방법들이고요. 그것보다 더 간단하고 쉬운 방법이 있어요. 바로, 화살표를 이용하는 것이지요. $x > -2$이니까 -2에서 선을 시작합니다. 붓으로 그릴 때처럼 -2에서 세로의 선을 그리고 x가 -2 이상이니까 세로의 선에서 오른쪽으로 선을 긋는 거예요. 그리고 마지막으로 -2가 포함되지 않으니까 ○를 표시하면 됩니다. $x \leq 1$은 1에서 시작해서 왼쪽으로 선을 그으면 되겠죠? 붓의 크기를 다르게 해서 칠했던 것처럼 세로의 선의 길이를 $x > -2$와 다르게 그리면 해를 구할 때 더 편리해요.

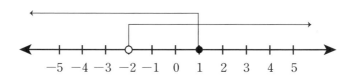

페인트에서 색이 두 개 칠해진 부분이 공통인 해인 것처럼 수

해리엇이 들려주는 일차부등식 이야기

직선에서는 선이 두 개 그려진 부분이 해가 됩니다. 선이 두 개
그려진 해가 되는 부분에 빗금을 그려요.

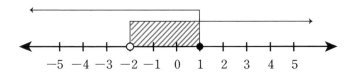

　그럼, 빗금을 그은 부분이 연립부등식의 해가 됩니다. 연립부
등식 $\begin{cases} 2x-1>-5 \\ x+2\geq4x-1 \end{cases}$의 해를 구하면 $-2<x\leq1$이 된다는 것을
알 수 있어요.

중요 포인트

연립부등식의 풀이 순서

1. 각각의 부등식을 푼다.
2. 각 부등식의 해를 한 수직선 위에 나타낸다.
3. 수직선에서 공통 부분을 찾아 x의 값의 범위로 나타낸다.

　연립부등식 $\begin{cases} x\leq2x+3 \\ 2x+3<5x-3 \end{cases}$과 같은 식은 $2x+3$이 똑같이 들
어가 있어요. 이런 부등식은 $x\leq2x+3<5x-3$으로 나타내요.

부등호가 두 개 있다고 당황하지 말고 두 개로 나누어 풀면 돼요.

이번에는 좀 더 복잡해 보이는 부등식 $x \leq 2x+3 < 5x-3$을 한번 풀어 볼까요? 이 부등식도 우리가 앞서 배운 부등식과 마찬가지인 연립부등식이라고 하는데, 지금까지 봐 왔던 모습과는 상당히 다르게 생겼죠? 그렇다고 당황하거나 미리 포기해서는 안 된답니다. 수식은 주어진 그대로 두면 어려워 보일 뿐입니다. 우리가 앞에서 계산을 편리하게 하기 위해 이항이라는 방법을 썼듯이, 여기서도 우리가 계산하기 편하게 수식을 조금 움직여 봅시다. 특히, 이렇게 부등호가 두 개 이상 들어 있는 부등식은 $x \leq 2x+3$과 $2x+3 < 5x-3$같이 좀 더 간단한 부등식 두 개로 나누어 연립해 풀 수 있습니다. 우리가 눈에 익숙한 연립부등식으로 나타내면 $\begin{cases} x \leq 2x+3 \\ 2x+3 < 5x-3 \end{cases}$ 이 됩니다. 위의 부등식과 아래의 부등식에 똑같이 $2x+3$이 들어 있어서 한 줄로 부등호를 이어 쓴 것이 결국 $x \leq 2x+3$와 $2x+3 < 5x-3$이 된 것이었답니다.

중요 포인트

부등식 $A < B < C$

$A < B$와 $B < C$를 함께 나타낸 것으로 $\begin{cases} A < B \\ B < C \end{cases}$로 푼다.

해리엇이 들려주는 일차부등식 이야기

사슬처럼 연결되어 있는 연립부등식 $A<B<C$는 $A<B$이고 $B<C$임을 의미해요. 그리고 $A<B$와 $B<C$ 식에서 $A<C$라는 것도 알 수 있답니다. 하지만 사슬처럼 연결된 연립부등식 $A<B<C$를 연립부등식 형태로 바꾸어 풀 때, $\begin{cases} A<B \\ A<C \end{cases}$로 나타내면 안 되고 A, B, C를 순서대로 해서 $\begin{cases} A<B \\ B<C \end{cases}$로 풀어야 합니다. 꼭 기억하세요. 순서대로 쓰는 거예요!

그럼 부등식 $A<B>C$처럼 써도 될까요? 이 식에서는 $A<B$이고 $B>C$입니다. 연립부등식 $A<B<C$에서 A와 C의 크기를 비교하면 $A<C$가 되어요. 그런데 $A<B>C$에서 A와 C는 크기를 비교할 수 있나요?

$A<B>C$는 $A<B$이고 $B>C$, 즉 $A<B$이고 $C<B$이니까 A와 C는 B보다 작은 수입니다. 그러므로 $A<B>C$로는 A와 C의 크기를 비교할 수 없겠죠? 그래서 이런 사슬은 쓰지 않습니다. 사슬은 $A<B<C$처럼 언제나 부등호가 벌어진 방향이 똑같이 오른쪽이거나 또는 왼쪽이 되도록 써야 합니다.

연립부등식 $3x-1<2x+7\leq4x+1$을 괄호를 이용하여 연립부등식 형태로 바꾸어 나타내어 볼까요? 앞의 두 개, 뒤의 두 개

의 식을 연립해서 나타냅니다.

$$\begin{cases} 3x-1<2x+7 \\ 2x+7\leq4x+1 \end{cases}$$

이렇게 나타내어진 연립부등식은 지금까지 배운 방법으로 풀면 돼요. $3x-1<2x+7$의 해를 구하면 $x<8$이고, $2x+7\leq4x+1$의 해를 구하면 $x\geq3$이니까 수직선에 그려서 해를 구하면 되겠죠?

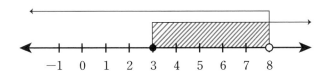

자, 이것으로 이번 수업을 마치도록 하겠습니다. 그리고 다음 시간에는 우리 주변에서 부등식을 이용하는 경우에 대해서 알아보도록 해요.

⁙다섯 번째
수업 정리

❶ 연립부등식은 다음의 순서대로 풀면 해를 구할 수 있습니다.

① 각각의 부등식을 푼다.

② 각 부등식의 해를 한 수직선 위에 나타낸다.

③ 수직선에서 공통 부분을 찾아 의 값의 범위로 나타낸다.

❷ 부등식 $A < B < C$는, $A < B$와 $B < C$를 함께 나타낸 것으로 $\begin{cases} A < B \\ B < C \end{cases}$ 형태의 연립방정식으로 나타내어 풀 수 있습니다.

6교시

우리 주변에서
볼 수 있는
부등식의 풀이

실생활에서 부등식이 사용되는 경우를 알아보고,

그 해를 구해 봅니다.

여섯 번째 학습 목표

1. 지금까지 배운 부등식의 내용을 우리 주변에서 어떻게 사용할 수 있는지 알아봅니다.
2. 주어진 상황을 부등식으로 나타내어 해를 구해 봅니다.

미리 알면 좋아요

1. 퍼센트% 백분비라고도 합니다. 전체의 수량을 100으로 하여, 측정한 수량이 그 중에서 얼마만큼의 비율이 되는지 가리키는 기호로 '%'를 사용합니다. 이 기호는 이탈리아어 cento의 약자인 %에서 유래한 것으로 $\frac{1}{100}$=0.01이 1%에 해당합니다. 예를 들어, 경상남도 농민이 키운 작물을 조사한 결과를 나타낸 다음과 같은 원형그래프로 나타내 보면, 전체 수량을 100이라고 했을 때 쌀과 같은 식량 작물을 재배하는 농민은 전체 농민의 54.4%이고, 채소를 재배하는 농민은 전체 농민의 13%, 사과와 같은 과수를 재배하는 농민은 전체 농민의 18.2%입니다. 그리고 식량작물, 채소, 과수, 특용작물, 기타의 작물을 모두 더하면 전체의 수량 100이 됩니다.

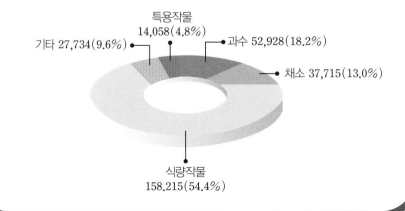

2. 속력 시간 간격에 따라 움직이는 양을 나타내는 것으로 물체의 빠르기를 속력이라고 합니다. 속력을 나타내는 단위 m/s는 '미터 퍼 초'라고 읽는 것으로 m은 미터meter, s는 시간 단위 초second를 나타내고, km/h는 '킬로미터 퍼 시'로 km는 킬로미터, h는 시간 단위 시hour를 나타냅니다. 속력 60km/h인 자동차는 시간 당 60km를 간다는 것으로 3시간 동안의 이동거리는 $60 \times 3 = 180$km입니다.

$$\Pi \frac{1}{1-\frac{1}{p^s}} = \Sigma \frac{1}{n^s},$$

해리엇의
여섯 번째 수업

일상생활에서 사용하는 수학은 더하기, 빼기, 곱하기, 나누기와 같이 간단한 계산이 대부분입니다. 어찌 보면 어려운 방정식이나 부등식을 굳이 배우지 않아도 될 것 같습니다. 하지만 주위를 둘러보면 우리 생활에는 수학과 연관된 여러 분야들이 있다는 것을 쉽게 알 수 있을 것입니다. 예를 들어, 음악을 들을 때 가수의 노래 목소리와 반주 소리가 잘 어울려야 하겠죠? 이런 경우 노래 소리와 반주 소리의 음파를 기록하여 그래프로 나타내는 것에 수학이 쓰입니다. 또한 우리에게 즐거움을 주는 컴퓨터 안에도 수학의 원리들이 숨어 있답니다. 수학을 공부하면서 차근차근 답을 구하다 보면 머리도 좋아진다는 것을 알 수 있습니다. 수학과 연관된 학문인 물리학이나 다른 여러 학문을 공부할 때도 도움을 줍니다. 우리가 수학책에 나오는 골치 아픈 계산들을 왜 해야 하는가는 그것들이 우리 실생활에 직접적으로 쓰이기 때문이 아니라, 그러한 문제들을 푸는 과정에서 우리 두뇌의 여러 부분이 발달하여 굳이 수학자가 되지 않더라도, 사회인으로서 여러 분야의 일들을 처리할 때 그 능력들을 보일 수 있기 때문입니다. 이러한 몇 가지 점들만 보더라도 수학은 참으로 유용한 학문이라는 것을 알 수 있습니다. 자, 이번 시간에는 그런 수학이 우리 실생활에 적용된 모습들을 찾아보도록 하겠습니다.

먼저 이 수업을 시작할 때 말했다시피 우선은 놀이공원부터 가야겠죠? 놀이공원으로 가는 방법에는 몇 가지 것들이 있겠지만 우리들은 버스나 택시를 이용해서 가려고 합니다.

버스요금은 1인당 600원으로 놀이공원 앞에 세워준다고 합니다. 대신 좌석에 앉지 못할 수도 있고, 흔들리는 버스 안에서 다

치지 않으려면 손잡이를 꼭 잡고 타야 하니까 택시보다는 불편하겠죠?

한편 택시는 기본요금이 2000원이고, 이후로는 200m당 100원씩 올라가게 되어 있어요. 편안하게 앉아 갈 수 있지만 거리에 따라 요금이 계속 증가되기 때문에 먼 거리를 갈 때에는 너무 큰 돈이 나올 수도 있습니다.

자, 어떤 방법이 더 좋을까요?

"5명의 버스요금이 3000원이니까 이보다 적게 나오면 택시를 타는 것이 좋아요."

네, 맞습니다. '택시요금＜5명의 버스요금'이 되어야겠죠? 그러면 2km까지는 2000원으로 갈 수 있으니까 버스요금보다는 적어요. 그러면 얼마만큼 택시를 타고 가는 게 좋을지를 생각해야 해요. 200m마다 100원씩 올라가니까 2km보다 더 움직인 거리의 가격을 기본요금에 더하면 택시요금이 나오겠죠? 더 움직인 거리에 따라 올라가는 요금을 한번 생각해 봅시다.

200m가 한 번인, 200m를 가면 100원

200m가 두 번인, 400m를 가면 200원

200m가 세 번인, 600m를 가면 300원

이동 거리가 200m씩 증가함에 따라 추가 요금 또한 100원, 200원씩 올라가니까 200m가 x번인 거리까지 움직였을 때 나오는 요금을 $100x$원이라고 할 수 있습니다.

(택시요금)＝(2km까지의 기본요금)＋(더 움직인 거리의 요금 $100x$)

$$＝2000원＋100x원$$

택시요금이 버스요금보다 적어야 하죠? 택시요금과 버스요금을 비교해야 하니까 부등식으로 나타내어야 합니다. 부등식으로 나타내어 볼까요?

"부등식으로 나타내면 '택시요금 2000원＋$100x$ ＜ 버스요금 3000원' 입니다."

네, 맞아요. 그럼 이제 부등식을 풀어 볼까요? 부등식 '$2000＋100x＜3000$'을 풀려면 우선 이항을 해야겠죠? 변수는 좌변, 상수는 우변으로 이항을 합시다. 2000을 우변으로 이항하면 -2000이 됩니다.

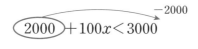

우변의 $3000-2000$을 계산하면 $100x＜1000$이 됩니다. 그리고 양변을 양수 100으로 나누어 x의 값을 구하면 돼요. 그럼 $x＜10$이 됩니다. 그럼 200m를 9번 간 거리인 1800m까지 택시를 타고 가도 되겠죠? 1800m를 km 단위로 바꾸면 1.8km가 되므로 기본요금으로 2km와 200m 9번의 길이인 1.8km를 갈 수 있습니다. 즉 3.8km의 거리까지는 택시를 타고 가는 것이 더 좋습니다.

자, 그럼 우리가 가는 놀이공원까지의 거리가 6km라면 택시와 버스 중 어느 것이 더 이득이 될까요?

"택시로 가는 것은 3.8km까지만 이득이 되니까 6km는 버스로 가는 것이 더 좋아요!"

좋아요. 잘했어요. 그럼 버스를 타고 놀이공원에 가 봅시다. 고고씽!

자, 이제 놀이공원에 도착했어요. 놀이 기구들의 이용료를 보니까 2000원인 것들과 1500원인 것들이 있어요. 그런데 한 사람이 가진 돈이 모두 18500원이라고 할 때 18500원으로 원하는 놀이 기구를 다 탈 수 없으니 딱 10개씩만 타 본다고 합시다. 10개의 놀이 기구 중 2000원인 놀이 기구를 최대 몇 개까지 탈 수 있을까요?

먼저, 2000원 하는 놀이 기구를 x개라고 하면 그 놀이 기구를 타고 싶은 사람은 $2000 \times x$원이 있어야 해요. 그리고 놀이 기구 10개를 탈 것이니까 이용료가 1500원인 놀이 기구는 $10-x$개를 타게 되겠죠? 1500원인 놀이 기구를 타는 비용은 $1500 \times (10-x)$가 필요하게 됩니다. 놀이 기구를 탈 때 드는 비용을 식으로 나타내면 (놀이 기구 타는 비용)=(2000원 놀이 기구를 타는 비용)+(1500원 놀이 기구를 타는 비용)=$2000x+1500(10-x)$이 돼요. 그런데 우리가 갖고 있는 돈은 일인당 18500원이니까 놀이 기구를 탈 때 쓸 수 있는 최대 비용은 18500입니다. 그러므로, (놀이 기구 타는 비용)<18500원, $2000x+1500(10-x)<$ 18500이 됩니다.

자, 그럼 이용료가 2000원인 놀이 기구는 몇 개나 탈 수 있는지 구해 볼까요?

$$2000x+1500(10-x) \leq 18500$$
괄호를 풀어 줍니다.

$$2000x+15000-1500x \leq 18500$$
15000을 이항합니다.

$$2000x-1500x \leq 18500-15000$$
동류항을 정리하여 간단하게 나타냅니다.

$$500x \leq 3500$$
양변을 500으로 나눕니다.

$$x \leq 7$$

x는 이용료가 2000원인 놀이 기구를 타는 개수이니까 0, 1, 2, 3, 4, 5, 6, 7까지의 수를 만족합니다. 따라서 이용료가 2000원인 놀이 기구는 한 사람당 최대 7개까지 탈 수 있어요. 그럼, 이제 자신이 탈 수 있는 놀이 기구의 개수를 알고 어떤 것을 탈 것인지 결정하면 되겠죠?

신나게 놀고 났더니 배가 고프네요. 샌드위치와 우유를 먹으러 갈까요? 그런데 샌드위치와 우유의 종류가 참 많네요. 다행히, 놀이 기구를 탄 사람에게는 우유와 샌드위치를 할인 가격에 판매한다고 합니다. 우리 모두는 할인을 받을 수 있겠네요. 하지만 상품들의 할인율은 제각각 10%에서 20%까지 다양하게 구성되어 있어요.

자, 그럼 우선 먹을 것들을 골라 봅시다.

계산하고 나니 14400원이 되었어요. 우리가 놀이 기구를 타지 않고 이것들을 샀다면 할인을 받지 못했으니까 돈을 더 내야 합니다. 할인이 되지 않았다면 어느 정도의 돈을 냈어야 할까요? 할인 전 가격의 범위를 부등식으로 나타내어 봅시다.

우리가 구입한 샌드위치와 우유의 할인 전 가격을 모르니까 x 라고 합시다. 할인된 가격을 구해야 하니까 %를 이용한 계산을 해야겠군요. 우리가 흔히 보듯, 1000원짜리 물건이 10% 할인된 가격에 판매되고 있다면 그 물건은 900원에 살 수 있어요. 즉, 원래 물건 값인 1000원의 90%에 해당하는 돈만 지불하면 된답니다.

자, 다시 앞의 문제로 돌아가 봅시다. 우선 우리가 구입한 물건들의 할인율은 모두 10%~20%로 다양했습니다. 그런데 만약에 우리가 구입한 모든 물건의 할인율이 10%라고 한다면 원래 물건 가격의 90%만 지불한 셈이니까 물건 값은 $0.9x$가 됩니다. 마찬가지로 모든 물건의 할인율이 20%라면 물건 값은 $0.8x$가 되겠죠? 우리가 계산한 돈은 할인율이 10%와 20%가 섞여 있으니까 제일 많이 할인이 된 물건 값 $0.8x$와 제일 적게 할인 된 $0.9x$의 사이에 있게 됩니다. 그리고 우리가 산 물건 모두가 10% 할인 되었을 수도 있고, 20%로 할인되었을 수도 있기 때문에 값은 $0.8x$와 $0.9x$를 포함한 값이 되어야 합니다. 한마디로 $0.8x \leq 14400 \leq 0.9x$와 같은 부등식으로 간단히 나타낼 수 있겠죠.

사슬처럼 연결된 부등식을 연립일차방정식의 형태로 나타낼

수 있겠죠?

$$\begin{cases} 0.8x \leq 14400 \\ 14400 \leq 0.9x \end{cases}$$

부등식의 양변에 똑같은 양수를 곱해서 부등호의 방향이 변하

해리엇이 들려주는 일차부등식 이야기

지 않는다는 성질을 이용하여 두 부등식을 풀어 봅니다.

$0.8x \leq 14400$을 풀면 $x \leq 18000$

$14400 \leq 0.9x$를 풀면 $16000 \leq x$

이로써, 할인되기 전의 가격이 16000원 이상이고 18000원 이하라는 것을 알 수 있습니다.

자, 놀이 기구도 타고 샌드위치도 먹었으니까 놀이공원 옆에 있는 동물원으로 산책을 가 볼까요? 와! 원숭이가 아주 많이 있어요. 원숭이를 위해 바나나를 준비했어요. 그런데 이 바나나를 원숭이 한 마리당 4개씩 나누어 주면 21개가 남고, 6개씩 나누어 주면 맨 마지막 원숭이는 1개 이상 4개 미만을 받는다고 할 때, 이 동물원에 있는 원숭이는 모두 몇 마리일까요?

우선, 원숭이의 수를 모르니까 미지수 x라고 합시다. 그러면 바나나가 전체 몇 개인지 구할 수 있어요. 원숭이 한 마리당 4개씩 나누어 주면 21개가 남는다고 했으니까 원숭이가 받게 되는 바나나는 모두 $4x$이고, 남은 바나나가 21개이므로 전체 바나나의 개수는 $4x+21$입니다. 원숭이들에게 6개씩 나누어 줬을 때 마지막 원숭이가 1개 이상 받게 될 때의 바나나의 개수를 구하면 다음과 같습니다.

원숭이 $x-1$마리가 6개씩 받은 바나나의 수는 $6 \times (x-1)$이 되고 마지막 원숭이가 받는 바나나의 수 1개를 더하면 $6(x-1)+1$이 됩니다. 그럼, 6개씩 나누어 줄 때, 4개 미만을 받을 때의 바나나의 수도 구할 수 있겠죠? 원숭이 $x-1$마리가 받는 바나나의 수가 $6(x-2)$이고 마지막 원숭이가 4개 미만을 받으므로 바나나의 수는 $6(x-1)+4$가 됩니다. 실제 바나나 $4x+21$개를 6개씩 나누어 줄 때 마지막 원숭이가 1개 이상 4개 미만을 받게 되므로 바나나의 개수는 적게는 $6(x-1)+1$에서 많게는 $6(x-1)+4$가 됩니다. 이것을 부등식으로 나타내면 $6(x-1)+1 \leq 4x+21 < 6(x-1)+4$가 됩니다. 그리고 이 식을 다시 괄호를 풀어 정리하면 $6x-6+1 \leq 4x+21 < 6x-6+4$, 곧 $6x-5 \leq 4x+21 < 6x-2$가 됩니다. 자, 이제 연립일차방정식의 형태로 나타내어 봅시다.

$$\begin{cases} 6x-5 \leq 4x+21 \\ 4x+21 < 6x-2 \end{cases}$$

이제, 각각의 부등식을 풀면 됩니다.

$$6x-5 \leq 4x+21 \text{의 해는 } x \leq 13$$
$$4x+21 < 6x-2 \text{의 해는 } 11.5 < x$$

두 식의 해의 공통부분은 어떻게 구한다고 했죠?

"수직선에 그려요."

그러면 연립일차부등식의 해는 $11.5 < x \leq 13$이 됩니다.

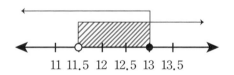

그런데 x가 원숭이의 수이므로 11.5 초과 13 이하에서의 원숭이의 수는 12마리 또는 13마리가 됩니다.

동물원이 너무 넓어서 선생님이 힘이 드네요. 동물원을 한 바퀴 돌면서 구경할 수 있는 코끼리 열차를 탈까요? 이곳 A에서 B까지는 시속 10km/h로 갔다가 다시 똑같은 거리만큼 떨어져 있는 A로 돌아올 때의 속력은 5km/h라고 합니다. 한 바퀴 도는 데 걸리는 시간이 1시간 이하라고 합니다.

"선생님 그럼 A에서 B까지 가는 거리가 얼마 정도인지 알 수 있나요?

시간과 속력, 거리는 다음과 같은 관계가 있습니다.

$$시간 = \frac{거리}{속력}$$

우리는 지금 거리를 모르니까 올라갈 때의 거리를 x라고 하면 똑같은 거리만큼 내려오니까 내려올 때의 거리도 x가 됩니다.

(코끼리 열차가 한 바퀴 도는 데 걸리는 시간)＝(올라갈 때 걸리는 시간)＋(내려올 때 걸리는 시간)

올라갈 때 걸리는 시간은 $\frac{x}{10}$, 내려올 때 걸리는 시간은 $\frac{x}{5}$이므로 총 걸린 시간은 $\frac{x}{10} + \frac{x}{5}$가 돼요. 한 바퀴 도는 데 시간이 1시간 이하이므로 부등식 $\frac{x}{10} + \frac{x}{5} \leq 1$로 나타낼 수 있습니다.

$$\frac{x}{10} + \frac{x}{5} \leq 1$$

부등식을 풀 때 분모에 숫자가 있으면 최소공배수를 곱해 준다고 했으니까 10과 5의 최소공배수 10을 곱해서 거리 x를 구해 봅시다.

$$10 \times \frac{x}{10} + 10 \times \frac{x}{5} \leq 10 \times 1 \implies x + 2x \leq 10$$
$$3x \leq 10 \implies x \leq \frac{10}{3}$$

그러므로, 코끼리 열차를 타고 이동하는 거리 x는 $x \leq \frac{10}{3}$이 된다는 것을 알 수 있습니다.

자, 이제 집으로 돌아가면 되겠군요. 출구쪽으로 움직여 봅시다. 어? 승찬이는 안 오고 뭐하고 있니?

승찬이가 아주 뿌듯한 얼굴로 말을 합니다.

"저기 아저씨 둘이서 부등식으로 간단히 해결될 수 있는 것을 가지고 고민을 하시기에 해결해 드리고 왔어요!"

그래? 어떤 문제였어?

"출구에 직사각형 모양의 연못을 만들려고 하는데 가로의 길이가 5m로 일정하게 하고 연못 전체의 둘레의 길이를 18m 이상 24m 이하가 되게 하려고 하는데 세로의 길이를 어떻게 할까 고민을 하고 계시더라고요. 그래서 제가 친절하게 세로의 길이를 구해 드렸답니다."

정말 잘 했네요. 우리도 한번 세로의 길이를 구해 볼까요? 세로의 길이를 모르니까 x라고 둡니다. 직사각형은 가로 두 개, 세로 두 개가 있으므로 전체 둘레의 길이는 $x+x+5+5=2x+10$이 됩니다.

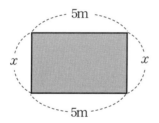

둘레의 길이가 18m 이상 24m 이하가 되도록 해야 하므로 부등식으로 나타내면 $18 \leq 2x+10 \leq 24$가 됩니다. 지금까지 풀이한 방법보다 더 빠른 방법으로 해를 구해 볼까요? $2x+10$에서 10을 없애기 위해 부등식의 모든 항에서 10을 빼 줍니다.

$$18-10 \leq 2x+10-10 \leq 24-10 \implies 8 \leq 2x \leq 14$$

그리고 모두 똑같이 2로 나누어 줍니다.

$$8 \div 2 \leq 2x \div 2 \leq 14 \div 2 \implies 4 \leq x \leq 7$$

그럼 세로의 길이는 4m 이상 7m 이하가 되면 되겠네요.

오늘 하루 종일 놀이공원과 동물원에서 아주 뿌듯한 하루를 보냈죠? 일상생활에서도 부등식을 이용해 해결할 수 있는 문제들이 아주 많이 있답니다. 정말 우리 생활 곳곳에 수학이 숨어 있다는 것을 알 수 있었죠? 다른 상황에서도 크기 비교를 해야 한다면 부등식을 이용해서 해를 구하면 돼요. 지금까지 배운 내용이 많이 낯설고 어려울 수도 있지만 차근차근 읽어 나가면 점점 수학이 쉽고, 우리 생활과 가까이 있다는 것을 느끼게 될 거예요.

나와 함께한 일차부등식 시간이 벌써 끝나 가네요. 비록 부등식 수업은 여기서 끝나지만 아직 수학의 무궁무진하고 신비로운 내

해리엇이 들려주는 일차부등식 이야기

용들이 여러분 앞에 있어요. 앞으로 배울 내용들의 기대와 부등식을 알게 된 뿌듯함을 느끼며 마지막 인사를 합시다. 그럼, 안녕!

여섯 번째
수업 정리

1 실생활과 관련된 문제를 살펴볼 수 있었습니다.

2 부등식과 연립부등식의 해를 구할 수 있었습니다.